我国的农业面源污染治理与生态福利绩效提升

张彦博　王富华　刘　伟　著

U0312629

中国经济出版社
CHINA ECONOMIC PUBLISHING HOUSE
·北京·

图书在版编目（CIP）数据

我国的农业面源污染治理与生态福利绩效提升／张彦博，王富华，刘伟著. --北京：中国经济出版社，2021.12

ISBN 978 - 7 - 5136 - 2723 - 8

Ⅰ.①我… Ⅱ.①张… ②王… ③刘… Ⅲ.①农业污染源-面源污染-污染防治-研究-中国 Ⅳ.①X501

中国版本图书馆 CIP 数据核字（2021）第 269633 号

责任编辑　黄傲寒
责任印制　马小宾
封面设计　北京华子图文设计公司

出版发行　中国经济出版社
印　刷　者　北京艾普海德印刷有限公司
经　销　者　各地新华书店
开　　　本　710mm×1000mm　1/16
印　　　张　11.5
字　　　数　165 千字
版　　　次　2021 年 12 月第 1 版
印　　　次　2021 年 12 月第 1 次
定　　　价　78.00 元

广告经营许可证　京西工商广字第 8179 号

中国经济出版社　网址 www.economyph.com　社址 北京市东城区安定门外大街 58 号　邮编 100011
本版图书如存在印装质量问题，请与本社销售中心联系调换（联系电话：010 - 57512564）

前　言

　　农业面源污染，是指人们在农业生产和生活过程中，因化肥、农药、农膜的不合理使用，以及对一些饲料、兽药等化学制品、畜禽尿粪、农村生活污水等处理不当所导致的农村生态环境的污染。

　　目前，我国部分地区的农业面源污染严重程度已经超过工业点源带来的污染的严重程度，对我国农业生态系统造成了不可逆转的破坏，甚至威胁到当地居民的健康和生物多样性。此外，生态环境作为一种稀缺资源和人类赖以生存的物质和空间基础，直接或间接地影响着人类福祉。随着经济发展带来的环境问题愈发严重，人们的发展观逐渐由"求发展"转变为"求生态"，关注重心也由经济福利转向生态福利。

　　当前，在生态文明建设与经济高质量发展的战略背景下，农业面源污染治理与生态福利绩效的提升已成为我国可持续发展的两大重要任务。

　　本书研究了我国的农业面源污染治理问题，对我国农业面源污染及其相关政策的实施现状进行梳理，阐释农业面源污染治理政策工具的适用条件和作用过程，剖析我国农业面源污染治理政策工具的作用效果和相对贡献，进而提出相应的政策建议。

　　同时，本书研究了我国生态福利绩效的测度与提升，在总结、分析政府环境监管与公众环境参与现状的基础上，运用微分博弈方法，根据生态福利绩效水平的动态变化对相关利益方的影响，针对政府监管、公众参与对生态福利绩效的影响进行理论分析；基于定义法构建生态福利绩效测度模型，测算了我国30个省、市、自治区的生态福利绩效水平，并对决定其特征及差异的因素进行实证分析，根据理论与实证分析结果提出相应的政策建议。

目　录

农业面源
污染治理篇

农业面源污染治理篇

第1章
绪　论

1.1　研究背景与意义

1.1.1　研究背景

随着农业现代化、信息化和智能化进程的加快，农业环境恶化已经成为制约我国农村生态文明建设和经济发展的主要瓶颈，突出表现为农业污染物大量排放、禽畜养殖污染以及城市工业污染向农村转移等一系列问题的相互交织[1]。《第一次全国污染源普查公报》显示，2007 年，我国氮、磷污染物排放总量分别约为 270.5 万吨、28.5 万吨，其中农业面源氮、磷排放量分别占氮、磷排放总量的 57.2% 和 67.4%，农业地膜回收率仅为80%，部分地区的农业面源污染已经成为该地区主要的污染。统计数据显示，2003 年以来，我国农药、化肥和地膜的使用量一直高居世界首位，这不仅对农业环境造成污染，还加重了水体富营养化程度，甚至对空气和地下水质量也造成较大损害；更为严重的是实际被农作物吸收的农药仅占农药施用量的 1/3，大部分农药进入水体、土壤中，对人体健康产生直接或间接的影响。

与工业排放污染的集中性相反，农业面源污染具有排污源不集中、排放途径不明确等特点，使得对其治理的难度很大。面对日趋严重的农业面源污染，中央和地方政府以大气、水、土壤的污染治理为重点，于"十二五"期间制定了一系列的政策，逐步构建了我国命令控制型、经济激励型和公众参与型的农业面源污染治理政策工具体系。2015 年，我国政府出台了《关于加大改革创新力度加快农业现代化建设的若干意见》，实施了促进农业可持续发展和治理农业环境突出问题的整体规划，以加强对农业面源污染的控制；随后又印发了《土壤污染防治行动计划》，明确要求农业生产者合理使用化肥和农药，争取逐步实现我国在主要农作物化肥、农药使用量上的零增长目标。政府的一系列举措表明，政府对农业环境给予前所未有的关注。而在农业面源污染治理方面，世界各国均处在初步发展的阶段。因此，对农业面源污染治理进行研究，既有实际意义，又有较大的挑战性。对我国的农业面源污染治理政策工具的适用条件和实施效果进行系统分析，可以为我国构建农业面源污染治理政策体系奠定较好的基础。

1.1.2　研究意义

目前，我国部分地区的农业面源污染严重程度已经超过工业点源带来的污染的严重程度，对我国农业生态系统造成了不可逆转的破坏，甚至威胁到当地居民的健康和生物的多样性。农业面源污染治理本身就具有较大的挑战性，对农业面源污染治理政策工具进行进一步研究，能够在一定程度上填补此领域研究的不足，对治理农业面源污染具有重要的理论和现实意义。

1. 理论意义

对国内外学者的研究进行总结，我们可知研究治理主体时使用理论分析方法的学者居多，且在以博弈论为基础的研究中，多数学者是以博弈方的完全理性为前提研究相关主体的行为，多数研究侧重于分析政府与农户的行为对农业面源污染造成的影响，较少将农业面源污染治理主体中的中央政府引入分析中。在我国农业面源污染治理政策的实施效果研究方面，多数学者是对一种或两种农业面源污染治理政策的可行性和实施效果进行研究，并没有运用统一的分析框架对不同类型农业面源污染治理政策工具的实施效果和相对贡献进行研究分析。

考虑到现实中博弈方的完全理性难以实现，本书以演化博弈理论为基础，从有限理性的个体出发，以动态性和稳定性代替完全理性原则，这样的假设较符合现实情况。本书以农业面源污染治理相关主体具有有限理性为前提，将属于农业面源污染治理主体的中央政府纳入考虑范围，构建中央政府、地方政府和农户参与的农业面源污染治理模型，通过分析演化均衡稳定条件，总结、对比不同类型农业面源污染治理政策工具的适用条件，然后利用复制子动态系统和 MATLAB 数值仿真技术，深入分析我国农业面源污染治理行动中不同类型治理政策工具的作用机制。在计量分析方面，本书对中国现有的农业面源污染治理政策管理体系进行了系统性总结，并且在经济学实践研究的基础上，采用面板数据模型，构建包含经济发展水平、产业结构、农业面源污染治理政策工具等多个经济社会因素的计量模型，从而对我国不同类型的农业面源污染治理政策工具的效果和相对贡献进行比较分析。

本书一方面为今后的农业面源污染研究提供了理论支持，另一方面为其他学者在农业面源污染方面的深入探讨提供了理论依据。

2. 现实意义

随着我国农村经济实力和综合生产能力的提高，我国的农业污染和生态破坏越来越严重。农业生产中由农药、化肥、地膜、废弃物等造成的农业面源污染问题，阻碍了农业的可持续发展。在农业面源污染治理过程中，农户作为直接受益群体，为了实现自身利益的最大化，会倾向于不治理农业面源污染。因此，治理农业面源污染需要政府的介入，以对农业面源污染的利益相关者的行为进行调节、指导和约束。但对于农业面源污染的治理，我国尚未建立系统、明确的治理政策体系。因此，对我国农业面源污染及其政策的发展进行了解、掌握农业面源污染治理政策工具的适用条件和作用机制，并对我国农业面源污染治理政策工具的实施效果和相对贡献进行分析，可为相关政策、措施的制定提供参考意见和依据。

1.2　研究综述

我国农业面源污染的防治起步较晚。目前，学者对农业面源污染的研究集中在现状和成因、影响因素和治理政策等方面。

1.2.1　农业面源污染的现状和成因

关于农业面源污染治理，国外的研究多数侧重于分析其自然机理和技术措施等。Yin C Q 认为，控制面源污染，农民和农村其他居民的合作是成功的关键[2]；Blankenberg 通过建立一个实验湿地，对沉积物、营养和农药残留率进行研究，对农药残留现象进行解释[3]；Hansen 和 Romstad 考虑到污染者合作和公司投入产出激励，提出一种信息化、可行的自我报告机制[4]；Perez－Espejo 在墨西哥中部的一个灌溉区发放调查问卷，研究发现，实行农业环境政策时对不同地区进行差异化对待，会更有效地处理非点源水污染[5]；Shen Z 通过比较几种用于估计中国农业面源污染负荷的方法后指出，使用有中国特色的关键参数，能开辟我国农业面源污染建模的新路径[6]。

国内关于农业面源污染的研究起步相对较晚，多侧重污染现状、成因和控制措施等方面的分析。郑一研究了非点源污染，认为农药和化肥的过量使用、土地使用方式的不合理、水土流失、废弃物随意堆放、城市面积扩大等都是农业面源污染形成的原因[7]；唐浩总结发达国家在面源污染治理方面的有关理论，对其实践经验和技术进行总结，构建了我国农业面源污染治理的 BMPs 框架体系[8]；赵永宏总结了我国农业面源污染现状，并提出相应的农业面源污染治理措施[9]；刘平乐剖析了农业面源污染的定义，阐述了环境和农业面源污染的关系，并提出详细的治理建议[10]；饶静分析了我国农业面源污染的内涵和发展现状，从三个层面分析了我国农业面源污染的产生机制[11]；苏君梅详细分析了农业面源污染产生的原因，并据此提出治理农业面源污染的有效措施[12]；孔嘉鑫对农业面源污染的特征进行详细阐述，并对农村面源污染的成因进行分析，从意识政策、水土保持和农业技术等方面入手，提出治理农业面源污染的措施[13]。

1.2.2 农业面源污染的影响因素

学者的研究表明，环境污染的经济影响因素有很多。Grossman、Krueger 把经济增长对环境污染的影响分解为三种效应，即技术进步效应、经济结构效应、经济规模效应[14]；Managi 认为，在地区技术和产业结构等保持不变的条件下，随着经济规模的扩大，当地资源消耗和污染程度会越来越高[15]；Miceli 等研究认为，经济增长后减少污染的因素有治理投入和相应治理政策[16]；Hamilton 认为，地区耕地利用方式、利用程度与农业面源污染产生总量会受到农村的人口现状及其增长速度的显著影响[17]。

对于我国的农业面源污染影响因素，多数学者认为，除自然环境和农户行为之外，还有一系列经济因素。因此，学者开始关注农业面源污染与经济增长之间的关系。张晖和胡浩利用江苏省的相关数据，分析农业环境库兹涅茨曲线是否成立，结果表明，农业面源污染与人均收入呈"倒 U 型"关系[18]；张锋等使用江苏省 1990—2007 年的数据，用方差分解和 VAR 模型脉冲响应分析的方法，对农业面源污染与经济增长之间的动态演进关系进行研究，研究结果显示，农业面源污染受到经济增长的显著影响[19]；孙大元等基于广东省 1995—2013 年的相关数据，实证分析了广东省农业面源污染与农业经济增长的关系，结果表明，伴随着经济增长，农业生产会产生更多的农业面源污染物，但经济增长对农业面源污染的负向影响具有滞后性[20]。

为了进一步分析农业面源污染的经济影响因素，学者开始关注农业经济结构、农村人口规模、农业技术进步等经济影响因素。诸培新和曲福田通过对土壤肥力影响因素的实证分析，指出我国缺少农业技术推广和宣传，且资金和技术缺乏已经成为制约土壤保护的最主要原因[21]；葛继红和周曙东选用江苏省 1978—2009 年的数据，分析我国农业面源污染的经济诱因，结果表明，农业技术进步在减少农业面源污染物排放量方面有积极作用，且可以协调经济增长与环境质量之间的关系[22]；梁流涛借鉴 Islam 的研究思路，使用 1990—2010 年我国省际面板数据，实证研究了农业面源污染的影响因素，结果表明，农业生产规模和农村人口规模的增大会加大农业面源污染物的排放量，农业技术进步和经济发展有助于对农业面源污染的有效治理[23]；肖新成利用参数化的方向性距离函数，指出改善农业生产设施条件、提高农户受教育水平、降低经济作物占种植业作物的比重，对减少农业面源污染物的排放量非常有效[24]。

1.2.3 农业面源污染的治理政策

随着农业面源污染的加重，国外一些学者认为政府应该制定严格的行政手段、税费政策和一些优惠政策规范农户的治理行为。Heinz 和 Bmuwer

比较分析了限制农药投入量和征收农药投入税两种治理政策，研究结果表明，税收政策的灵活性较大且具有较高的有效性[25]。James 等认为，对农户正外部性的环保投入实施补贴是非常有必要的，若农户对政府支付计划有不同机会成本的话，固定的支付率是无效的[26]。Rodney 和 Theodore 认为，从价的农药税会对环境造成危害，在现实生活中，药性越高的农药价格反而越便宜，这就会增加高危农药的使用量[27]。Banerjee 和 Duflo 认为，施行氮税、磷税等有可能使农户的农作物生产转向氮肥、磷肥使用量较少的作物或使得一些对其需求量较大的作物不再被生产[28]。

国内学者主要从现状总结、理论分析和实证分析方面对我国农业面源污染的治理进行了研究。

在现状总结方面，学者对我国的环境管理体系进行了总结分析，认为我国初步构建了有针对性的农村环境政策和管理体制框架[29]；但我国在农业面源污染治理政策的多个方面（如公共投入、管理体制等）均存在不足，且农业面源污染治理政策体系不完善[30]；段亮等指出，政府应该采取命令控制型非市场规制工具等对农药、化肥、农膜和畜禽粪便等污染物进行治理[31]；王利荣认为农业补贴政策应与环境保护挂钩，政府应更加注重对农业生态肥料和农药的补贴，使得农业补贴向"绿色补贴"转变，实现我国环境保护、农民增收、农业增产等多重建设目标[32]；胡心亮等认为我国水体富营养化已经成为农业面源污染的主要源头，并结合我国农业面源污染的来源、特点和现状，进一步提出了治理农业面源污染的相关政策建议[33]。

在理论分析方面，陈富良认为，农业面源污染具有典型的外部性，对农村环境这一公共物品产生危害，因此政府有必要使用政策手段对农村环境进行治理与保护[34]。林惠凤等使用环境政策分析的一般模式，评估了我国现行农业面源污染防治政策，认为农业面源污染防治政策在经济效率和确定性方面均有不足，且缺乏充分的监测作为支撑，资金供给难以满足需求[35]。杨小山、金德凌依据不完全信息静态博弈理论，构建农户与政府的博弈模型，据此提出政府为实现最优配置所应满足的三类约束条件和一种切实可行的次优配置方式[36]。薛黎倩通过构建地方政府和农户的收益函数进行分析，提出农业面源污染治理的针对性建议，如培养农户专业合作组织、实施绿色技术援助、加强环境保护宣传和推进农业标准化建设等[37]。杨丽霞运用经典博弈理论，构建了农户与政府之间的博弈模型，认为增加政府的政治成本和技术投入、提高补贴力度、降低监督成本都是改善农业环境的有效方式[38]。周早弘、张敏新在经典博弈论的基础上，以农村公共环境物品为研究对象来分析农业面源污染的外部性，认为其纳什均衡供给量小于帕累托最优供给量，且目前我国农业面源污染的治理难以依靠农户参与[39]。陈红、韩哲英运用博弈理论进行研究，认为各级政府联动是农村面源污染治理的有效方式[40]。杨丽霞通过构建农户之间的博弈模型，指出增强农户环保意识是改善农村环境的有效方式[38]。

在实证分析方面，冯孝杰等运用三峡地区的数据对农业面源污染进行研究，认为政府收取税费时应该对农产品区别对待，才能使经济调控措施取得较好的效果[41]；侯玲玲等构建化肥需求函数，指出我国实施农业补贴政策并没有使农业面源污染加重[42]；葛继红、周曙东使用江苏省1978—2009年的数据，分析测土配方施肥的实施对农业面源污染产生的影响，认为江苏省实施农业面源污染治理政策有效减少了农业面源污染物的排放量[22]；周早弘以江西省鄱阳湖生态经济试验区为例进行分析，认为农业面源污染在一定程度上会受到农户参加技术培训和农户施用有机肥情况等因素的影响[43]；徐建芬利用浙江省相关数据，对影响农业面源污染的宏微观因素进行分析，认为浙江省农业环境受到农民收入、技术进步、施肥技能培训、农民素质、环保意识等因素的影响，并据此提出针对性建议[44]；张芳等采用二元 Logistic 回归模型，分析新疆棉农种植棉花对农业面源污染的影响，认为国家对有机肥及生物农药是否给予足够的补贴、棉农对治理农业环境污染的重视程度、农户是否参与技术指导培训等因素都会影响农业面源污染的治理情况[45]。

1.3　研究思路和方法

1.3.1　研究思路

首先，本书对我国农业面源污染现状及其治理政策工具的发展进行总结分析，梳理我国农业面源污染现状和现行治理政策，为后续的分析奠定研究基础。

其次，本书结合学者的已有研究，在利益相关者有限理性假设的基础上，将农业面源污染治理主体中的中央政府考虑在内，重点考察近年来各发达国家在防治农业面源污染方面所采用的政策工具（包括命令控制型、经济激励型、公众参与型工具），运用演化博弈理论，建立包含中央政府、地方政府和农户的农业面源污染三方演化博弈模型，通过分析演化均衡稳定条件，总结、对比不同类型农业面源污染治理政策工具的适用条件，然后依据复制子动态系统和 MATLAB 数值仿真技术揭示我国农业面源污染治理中不同类型政策工具的作用机制。

最后，本书对中国已有的环境治理政策体系进行全面梳理，利用2006—

2015 年中国 29 个省、市、自治区（除上海、西藏、中国香港、中国澳门和中国台湾外）的面板数据，构建包含经济发展水平、产业结构、不同类型治理政策工具等多个经济社会因素的面板计量模型，运用统一的分析框架对不同类型农业面源污染治理政策工具的实施效果和相对贡献进行比较分析，并依据分析结果，对治理农业面源污染提出科学、合理的建议。

1.3.2　研究方法

本书主要采用的研究方法有文献综述法、博弈模型法、仿真分析法及实证研究法，具体如下：

1. 文献综述法

本书通过对相关文献与政策资料的搜集与梳理，了解农业面源污染的相关概念与理论基础，了解我国农业面源污染现状及治理政策工具的发展演变，对影响农业面源污染的主要因素以及农业面源污染治理政策工具的类型划分进行梳理，为进一步的研究提供基本的理论支撑。

2. 博弈模型法

本书在有限理性的假设前提下，运用演化博弈理论，建立包含中央政府、地方政府与农户在内的农业面源污染三方演化博弈模型，通过对演化均衡条件的分析，总结不同类型农业面源污染治理政策工具的适用条件。

3. 仿真分析法

在得到模型的均衡解之后，为了更直观地分析参与人均衡策略的动态演化过程，本书运用 MATLAB 仿真工具模拟博弈三方参与人的策略向均衡点的动态演化轨迹，从而揭示我国农业面源污染治理中不同类型政策工具的作用机制。

4. 实证研究法

本书在已有文献研究基础上，引入不同类型治理政策工具变量，构建一个包含经济发展水平、产业结构、不同类型治理政策工具等多个经济社会因素的面板计量模型，对我国不同类型的农业面源污染治理政策工具的实施效果和相对贡献进行比较分析。

1.4 研究内容与主要工作

1.4.1 研究内容

本书在有限理性假设的基础上，运用演化博弈理论研究参与主体的行为演化特征和演化稳定策略，对不同类型的农业面源污染治理政策工具的适用条件和作用机制进行分析，然后运用中国 29 个省、市、自治区的数据，对我国农业面源污染治理政策工具的实施效果和相对贡献进行实证分析，进而对我国农业面源污染治理政策的经验与不足进行总结，提出科学、合理的政策建议。

第 1 章，绪论。本章主要概述了研究背景、研究意义，对我国农业面源污染的影响因素和治理政策工具的相关研究进行梳理，同时简要介绍了本书的研究思路、研究方法、技术路线和主要工作。

第 2 章，农业面源污染相关概念与理论基础。本章介绍农业面源污染、农业面源污染治理的利益相关者、规制工具等相关概念与内涵，并对农业面源污染治理的相关理论进行了概述。

第 3 章，我国的农业面源污染及治理现状。首先，本章详细分析了我国主要农业面源污染类型的现状，了解治理农业面源污染的紧迫性。其次，本章分析了我国农业面源污染治理政策工具的发展演变状况，了解当前我国农业面源污染的治理情况。

第 4 章，基于演化博弈的农业面源污染治理政策工具的比较分析。本章对农业面源污染治理中的利益相关者及博弈关系进行分析，建立中央政府、地方政府和农户的三方演化博弈模型，通过分析演化均衡稳定条件，总结、对比不同类型农业面源污染治理政策工具的适用条件，然后在复制子动态系统的基础上，利用 MATLAB 数值仿真技术进行分析，更清晰地了解我国农业面源污染治理中不同类型治理政策工具的作用机制。

第 5 章，对我国农业面源污染治理政策工具实施效果的实证分析。本章依据已有研究基础，采用我国 2006—2015 年省际面板数据，在统一分析框架下，建立包含农业经济规模、农业经济结构、农业技术进步贡献率、乡村人口规模等控制变量和不同类型农业面源污染治理政策工具这一核心变量的计量模型，对我国不同类型农业面源污染治理政策的实施效果和相对贡献进行实证分析。

第 6 章，对我国农业面源污染治理的政策建议。本章根据理论和实证分析结果对我国农业面源污染治理政策中存在的不足进行分析总结，进一步提出有效、合理的政策建议。

1.4.2　主要工作

（1）现有研究成果主要以博弈方完全理性为假设前提，对农业面源污染治理利益相关主体的策略选择进行研究。考虑到现实生活中博弈参与方较难有完全理性，因此，本书基于有限理性假设，运用演化博弈理论探究不同类型农业面源污染治理政策工具的适用条件和作用机制，相较而言更有现实意义。

（2）国内外学者结合农业面源污染治理参与主体的博弈关系进行深入研究的文献较少，且相关研究更多关注政府和农户行为对农业面源污染治理的影响，而忽视了将与农业面源污染治理密切相关的中央政府引入分析。中央政府地位具有一定的特殊性，因此，构建中央政府、地方政府和农户共同参与的农业面源污染治理三方演化博弈模型，提高了博弈模型的解释力。

（3）在计量分析方面，研究我国农业面源污染治理政策效果的文献，大多是对一种或两种农业面源污染治理政策的可行性和实施效果进行研究，并没有运用统一的分析框架对不同类型的农业面源污染治理政策工具的实施效果和相对贡献进行分析。因此，本书构建面板计量经济模型，对我国各类农业面源污染治理政策工具的作用效果和相对贡献进行实证分析，更具真实性和现实意义。

第 2 章
农业面源污染相关
概念与理论基础

2.1 农业面源污染及治理的相关概念

2.1.1 农业面源污染相关概念

农业是以土地资源为生产对象，通过培育（培养）动植物产品来进行食品和工业原料生产的产业[30]。农村（乡村）是以从事农业生产为主的农业人口所居住的特定地区，是与城市相对应的区域，也指农业生产区[18]。

面源污染是指各种没有固定的排污口和排污途径的特定环境污染。一般来说，点源污染主要是指部分城市居民生活和工业生产过程中所产生的环境污染，具有排污点相对集中、排污途径明确等特征。与点源污染相对应，面源污染又可被称为非点源污染。

农业面源污染，是指在农业生产活动中，农田中残留的污染物在降水或灌溉过程中，通过地下渗漏、农田排水、壤中流、农田地表径流等多种方式，从非特定的区域进入水体而造成的面源污染，这些残留污染物主要来源于农用施肥、农药、农膜等化学投入品，以及畜禽粪便和秸秆等农业废弃物和其他类型的有机污染物[46]。徐国梅认为，农业面源污染是由耕作或者砍伐破坏土壤而引起的，污染物主要为随水土流失的农药、化肥及其转化物等[47]。杨建辉认为农业化学品会对农业面源污染带来更大的影响，且这类污染更加难以控制[48]。虽然也有学者认为农业废弃物及其他有机污染物也属于农业面源污染物，但因它们形成的原因和过程有很多不同之处，因此为了使研究更具有针对性，本书将依据徐国梅、杨建辉的理论，仅对农业生产过程中由农业化学投入品产生的农业面源污染进行研究，并不将农业废弃物和其他类型的有机污染物考虑在内。

2.1.2　农业面源污染的特征

与点源污染不同，农业面源污染相对分散，且污染物的来源范围较大，是长期积累后逐渐形成的污染。农业面源污染的特点如下：

第一，分散性和隐蔽性。农业面源污染的产生特性与点源污染的集中产生特性相反，它较为分散且不容易被发现。其在发展到一定的程度之前是较为隐蔽、较难被发现的，一般来说，都是形成一定规模之后才被发现并重视。因此，农业面源污染具有分散性和隐蔽性。

第二，随机性和不确定性。气候条件和农业生产环境等多方面因素均会对农业面源污染的产生造成影响，每一个影响因素的改变都会影响农业面源的污染强度，但任何单一因素均无法对农业面源污染的强度起决定性作用。例如，农户在农业生产过程中使用的化肥能渗透或流入水体的量和自然环境具有密不可分的关系，包括降雨量、降雨频率、气温、湿度、土地类型等。因此，农业面源污染具有随机性和相应的不确定性。

第三，污染来源广泛、监测困难。农业面源的污染物来源较广且受到较多因素的影响，在某些情况下，不同的因素存在相互渗透影响，较难进行区分，加上受到地理、气象、水文等因素的影响，污染物的变化较大，因此很难监测某个因素的具体影响情况。从理论上说，农业面源污染能够判别，但需要较高的识别成本和检测成本。然而，在现有的技术条件下，我们尚难以实现对某个污染因素具体影响情况的监测。因此，污染来源广泛、监测困难是农业面源污染的另一个显著特征。

总的来说，农业面源污染具有一定的分散性、隐蔽性、随机性和不确定性，且其污染来源广泛、监测困难。

2.1.3 农业面源污染治理的利益相关者

虽然利益相关者理论的产生时间不长，但其相关研究已在很多方面取得巨大进展，其中，"从单边治理到多边治理"的共同参与理论高度概括了基于利益相关者的治理模式。生态环境学家也在利益相关者理论的基础上，对环境治理中的利益相关者共同参与治理的可行性进行思考，寻找环境治理的新出路。

"利益相关者"概念最早在1963年被斯坦福研究院的相关学者所使用，他们将其定义为：有这样的一些利益相关体，若他们不支持企业，将使企业退出市场[41]。Friedman和Miles将利益相关者定义为在经济主体实现目标的过程中能够受其影响的人或组织[49]；Daniel将利益相关者定义为具有公司合法利益的团体或个人[50]。目前，学术界对利益相关者尚未有统一的定义，本书综合参考已有文献，将农业面源污染治理的利益相关者定义为：一些群体（个人或组织）会直接（间接）或主动（被动）对农业面源污染产生影响，他们的行为可以对农业面源污染治理起到有效作用，并能最终改善农业面源的污染情况。

由于农业面源污染治理涉及众多利益相关者，且情况较为复杂，对所有的利益相关者进行分析难度较大。我们认为，公众和社会团体、生产者、管理者是农业面源污染治理的主要利益相关者，同时，污染治理也会受到外部环境约束的影响[30]。在治理农业面源污染时，仅依靠政府的相关政策和措施无法达到污染治理目标，必须有主要利益相关者的协同配合。我国尚未建立农业面源污染治理体系，管理机构主要包括中央政府、地方政府、农业部门、环保部门、其他相关职能部门。其中，中央政府所拥有的权力和权威性，使其与其他利益相关者的地位并不对等。除中央政府外，对于其他管理机构，我们均称为地方政府；相应地，生产者分为以家庭生产经营为主的农户和实现规模化生产经营的涉农企业，虽然这些涉农企业在客观上是农户的代理人，但与农户的利益具有一致性，本书将它们统称为农户；公众和社会团体的利益在农业面源污染治理的前后期无显著变化，因此本书将其看作社会监督和制衡的外在力量，统称为社会公众，简称公众。因此，本书构建的农业面源污染治理体系，主要包括中央政府、地方政府、农户和公众四个主体。

2.1.4　农业面源污染治理的政策工具类型

各国学者在理论研究与实践应用中，大致划分了三种类型的农业面源污染治理政策工具，具体如下。

1. 命令控制型政策工具

命令控制型政策工具，是指政府制定相应的政策、标准以实施对水、土地等的使用的控制，具有强制性。命令控制型政策工具包括法律规制和行政管理规制两类。法律规制是指国家为了调节农户经济活动，通过经济立法、执法和监管，规范农户行为。行政管理规制是指政府通过行政指令、条例和规章制度等来管理和调节农户行为的手段措施。命令控制型政策工具的政策效果具有"确定性"，且较容易监督，这一点对较为复杂的环境治理尤为重要。因此，许多国家在环境治理中多使用命令控制型政策工具。但命令控制型政策工具的缺点也很明显，生产者不能根据自身减污成本来自由决定其环境治理的参与行为，政策实施缺乏弹性，并且需要严格的监督和执法，政策的直接和间接成本较高。

2.经济激励型政策工具

经济激励型政策工具又称环境经济手段，它通过改变行为人利益和成本结构而影响行为人的最终选择。经济激励型政策工具，主要运用补贴、环境税、信贷优惠、差别税率等方式改变参与人经济活动的收益或成本，使其经济活动的边际外部环境成本内在化。经济激励型政策工具的优势主要有：①微观主体控制污染具有较高的效率和灵活性，且易于管理；②它为经济主体提供了多种选择，农业生产者可根据自身的成本—收益情况做出最有利的选择；③它能激励经济主体的环保行为。它使农业生产者的环保活动有利可图，为环境技术创新提供了动力。但经济激励型政策工具对经济主体环境行为的相关信息要求较高，检测费用高，要求实行者具有较高的信息监测与管理水平。

3.公众参与型政策工具

公众参与型政策工具，是指以合作和自愿为基础，广泛吸收公众参与，对社会性和复杂性的环境问题实施环境的多元主体共治。人们日渐认识到，传统的政府管制模式具有局限性，大量以合作和自愿为基础的公众参与机制受到关注，公众参与机制的建立和运作情况也逐渐成为衡量各地区环境管理制度体系是否完善的主要标准。公众参与型政策工具在许多国家发挥了重要的作用，且由于农业面源污染与点源污染的形成机制不同，政府单一主体的传统治理模式难以有效解决农业的面源污染问题。公众可监督参与者履行的职责，兼顾各方利益，因此要结合政府、农户和公众的参与才能在根本上解决危机。

2.2 理论基础

2.2.1 农业面源污染的外部性

经济学家庇古认为个体的消费或生产行为对其他组织团体造成了不可补偿的成本或给予了不需要的补偿收益时，就出现了外部性。大多数的经济学文献都是基于庇古的定义对外部性进行解释的。若产生的外部性给他人带来正效应，我们就称其为正外部性，若产生的外部性给他人带来不利影响，我们就称其为负外部性。一方面，农户过量施用农药、化肥，会造成空气和水的污染，对受污染空气和水的消费者造成了不利的影响，而带来这些污染与不利影响的农户并没有受到任何惩罚，即其污染行为产生的环境成本将由所有人承担，生产者的私人边际成本远远低于帕累托最优的社会边际成本，这就是农业面源污染的负外部性。另一方面，治理农业面源污染会使地区环境优化，增加社会福利。若农户在生产过程中及时处理畜禽粪便，会减轻农业面源污染，不仅有利于改善自己的生活环境，也使他人所处环境改善，这就是农业面源污染治理的正外部性。

由于农业面源污染的负外部性特征，农户在进行生产活动时往往不会把强加到他人身上的外在成本考虑在内，此时农户追求自身利润最大化所确定的产量与按社会利益最大化原则要求的最优产量产生巨大偏差。这种偏差会导致社会资源被不合理使用，农业生产产生过量的高毒性农药、禽畜粪便等污染物。当农户采取环境友好型的生产行为时，由于农业面源污染治理存在正外部性，农户无法得到相应的回报或补偿，而且还可能出现"搭便车"的现象，使得农户缺乏参与农业面源污染治理的经济性激励，从而导致了污染的产生与加剧。

外部性问题有两种解决方法，一种是由庇古所提出的，由政府对污染防治进行干预。庇古认为，在商品生产的过程中，由于生产者仅关注自身的生产成本变化，而不会考虑生产中产生的污染所带来的额外社会成本，由此造成了私人成本与社会成本之间的偏差。而且，因市场机制不能自行消除这一偏差，政府需要介入加以解决。政府可以采取收费或征税的办法，改变企业的边际成本，使其与边际社会成本相等，实现社会资源的最优配置。这一观点被广泛认可，污染税也被经济理论界称为"庇古税"。在实践中，"庇古税"在农业面源污染治理政策制定上的运用，主要是对"污染者收费"，形成了包含污染收费、补贴和押金退还手段在内的一系列以政府干预为主的农业面源污染治理政策。

还有一种与"庇古税"完全相反的污染治理思路，即反对政府的直接干预，提倡通过市场解决外部性问题。这一思路由科斯在1960年研究社会成本问题时提出，科斯认为要有效解决外部性问题，应该引入协商机制。1960年之前，经济学家认为市场机制只有在完全竞争市场中才能起到很好的作用，若存在外部性等影响市场竞争性的因素，市场机制就会失灵，使社会环境资源无法实现最优配置。"科斯定理"的出现间接地肯定了市场的作用和市场机制的作用范围。科斯认为只要政府明确划分产权归属，交易双方之间的谈判、协商将会使外部成本内部化，进而使资源的配置达到帕累托最优。科斯为治理污染提供了新的思路，即实行可转让的排污许可证制度，并创造排污许可证市场来解决环境治理问题。

2.2.2 农业面源污染的"公地悲剧"

农业环境是人类生存所需的生态系统的重要组成部分，且具有公共物品的性质。萨缪尔森给出了公共物品的严格定义，按照他的定义，与私人物品相比，公共物品的两个基本特征是非排他性和非竞争性。

一方面，农业面源污染及其治理具有非排他性，即农户消费和使用的农业环境具有充足的纳污容量，不会妨碍其他农户对其继续使用，农户的污染行为不会互相排斥。另一方面，农业面源污染及其治理也具有非竞争性，农户施用化肥农药的成本不会随着农业环境破坏程度的加重而增加。同时，如果农户采取适量施用化肥或环境友好型行为而改善了农业环境，其他农户虽然没有采取措施，却可以无成本地享受因别人努力而提高的环境质量，产生"搭便车"的现象。因此，农业环境的公共物品属性使得每个人都有免费使用农业环境资源的动机，却不会主动采取不能独享收益的环境友好型生产方式，最终会出现哈丁所说的"公地悲剧"现象。

第3章
我国的农业面源污染及治理现状

3.1 我国农业面源污染现状

我国是农业生产大国，随着农业生产中农药、化肥的过量施用，以及大量的农用薄膜混入泥土，农业面源污染的严重性不断加剧。

3.1.1 农用化肥投入污染

自 20 世纪 60 年代以来，为了增加农作物产量，我国农户在农业生产中不断增加化学肥料的使用量，导致农业生态环境逐渐恶化。国家统计局公布的数据显示，在 2005—2015 年的 10 年间，全国单位种植面积的农用化肥施用量呈递增趋势，从 2005 年的 316.39 千克/公顷，增加到 2015 年的 361.99 千克/公顷。而国际上该标准为不高于 255 千克/公顷，显然，我国化肥施用量远高于国际标准规定的上限水平，如图 3-1 所示。

图 3-1　2005—2015 年我国单位种植面积的农用化肥施用量

　　在农用化肥的施用结构方面，由表 3 - 1 可见，我国氮、磷、钾肥的施用比例大约为 100:30:17，钾肥的施用量偏低，磷肥和复合肥的施用量也较低，而氮肥的施用量较高。长期不适宜的化肥施用配比造成了我国土壤地力的下降和土壤的酸化。2015 年，我国三大粮食作物水稻、玉米、小麦的化肥利用率约为 32.5%，仅为发达国家的 1/2，即化肥营养物除了发生化学反应后以氮氧化物和氨化物的形式融入大气中，剩余大部分残留营养物都随降水或灌溉进入水体中，大大增加了地下水的氮磷物质含量。2015 年，我国水体中农业源污染物占比超过 50%，在数量上成为我国水污染的主要污染源。与此同时，农户使用污染水对农作物进行灌溉，也使得蔬菜水果中的有害物质严重超标。可见，我国化肥施用量和施用密度过大以及化肥施用结构不合理，造成了化肥营养的流失和农业的面源污染。

表 3 - 1　1990—2015 年我国农用化肥施用结构　　（单位：万吨）

年份	化肥施用量	氮肥	磷肥	钾肥	复合肥
1990	2590.3	1638.4	462.4	147.9	341.6
1995	3593.7	2021.9	632.4	268.5	670.8
2000	4146.4	2161.5	690.5	376.5	917.9
2005	4766.2	2229.3	743.8	489.5	1303.2
2010	5561.7	2353.7	805.6	586.4	1798.5
2015	6022.6	2361.6	843.1	642.3	2175.7

数据来源：1990—2015 年的《中国统计年鉴》。

3.1.2　农药施用污染

　　农药利用率低且农药施用搭配不合理，是造成我国农业面源污染的另一主要原因。农户施用过量的农药甚至高毒农药，其残留物经过各种途径的流转最终将进入水体中，从而引起水体污染。而且众多种类的农药化学性质非常稳定且不易降解，给农田造成的污染将长期难以消除。

近年来，全球气候变暖也带来了病虫害的加重，农户为治理病虫害不断增加农药施用量，使虫体的抗药能力增强，而农户再增加农药的施用量，造成了我国农药施用量的逐年递增。由图3-2可知，我国单位种植面积的农药施用量总体呈现递增态势，从2005年的9.69千克/公顷，增加到2010年的10.94千克/公顷，虽然2012年以后略有下降，但农药施用水平仍然居高不下，2015年达到10.72千克/公顷。据调查，2017年我国批准登记的农药品种有348种，其中，杀虫剂所占比例达到了70%以上。在农业生产过程中农户所使用的农药一般毒性较大，且仅有10%~20%的农药被农作物吸收，剩余的80%~90%则被残留在土壤和水体中，成为农业面源污染的主要根源之一。

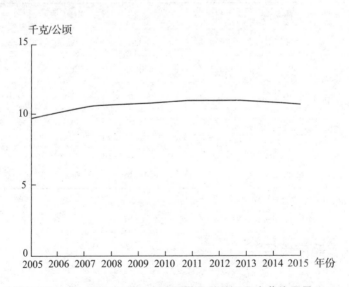

图3-2 2005—2015年我国单位种植面积农药施用量

3.1.3　农用薄膜污染

虽然农用薄膜施用技术的推广大幅提高了农作物产量，但也产生了大量不易腐烂、溶解的废旧农膜。随着我国农用薄膜施用量的逐年增加，由废旧农膜引发的农业面源污染问题也越来越严重。《中国农村统计年鉴》中的相关数据显示，全国单位种植面积农用薄膜的施用量呈现逐年递增的趋势，从 2005 年的 11.70 千克/公顷，逐步增加到 2010 年的 13.52 千克/公顷，2015 年则达到了 15.65 千克/公顷（如图 3 - 3）。《第一次全国污染源普查公报》显示，我国农业塑料薄膜的使用面积已突破亿亩，但回收率仅为 80.3%，年均废旧薄膜残留量高达 45 万吨。农用塑料薄膜多为有机化学聚合物，其在土壤中不断残留与积累，会对农作物根系水分的吸收和生长发育产生不良影响，造成土壤肥力下降与农作物减产[51]；而且，农

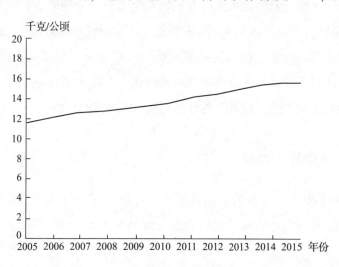

图 3 - 3　2005—2015 年我国单位种植面积农用塑料薄膜施用量

用薄膜降解后产生的有害物质也会逐渐积累并污染土地，进而被农产品吸收而危害消费者健康。

3.2 我国农业面源污染治理政策工具的发展

1978 年，我国实施家庭联产承包责任制，很好地激发了农户的生产积极性，与此同时，农业环境问题也逐渐凸显。1978 年 12 月，我国第一次在《环境保护工作汇报要点》中对环境治理的具体标准和手段进行了说明，并将农业面源污染问题纳入环境管理体系。改革开放伊始直到 20 世纪 90 年代中期，由于各地政府将 GDP 增长作为重要目标，环境保护政策并未得到有效实施，导致开垦荒地、过度耕种、毁坏森林等现象不断涌现；与此同时，化肥、农药过量施用带来的农业面源污染问题也日益严重。20 世纪 90 年代后期，我国农业环境破坏进一步加剧，长期集约化农业生产所造成的农业面源污染已经成为我国最难治理的污染类型之一。直到此时，我国政府才真正开始重视农业面源污染问题，并综合运用命令控制型、经济激励型和公众参与型政策工具对农业面源污染进行治理。

3.2.1 命令控制型政策工具

20 世纪 80 年代，政府逐渐认识到农药施用对环境的负面影响，开始制定相关法规对农药的施用进行管理与规制。20 世纪 90 年代后期，各地政府先后颁布了一系列地方性的法律、法规，例如，陕西省颁布了《农业环境管理办法》，安徽、广东、辽宁等也相继颁布并实施了专门的农业环境保护法律、法规。

20 世纪 90 年代以后，随着农业面源污染形势日益严峻，政府相继制定了一系列法律、法规。1989 年颁布的《中华人民共和国环境保护法》，对农药、农膜在农业生产中的使用进行了规定，强调应控制化肥、农药、农膜等造成的农田和水环境污染的持续加重，切实有效地解决好由农业面源污染所导致的水体污染问题。随后，为了治理畜禽养殖和农药使用所带来的农业环境污染，我国又相继出台了《农药经营使用相关管理规定》和《畜禽养殖污染防治管理办法》。

进入 21 世纪，2000 年，农业部将肥料产品的准入制度纳入我国的环境管理体系，颁布了《肥料登记管理办法》以加强对肥料的使用与管理。2002 年，为了更有效地治理由畜禽养殖废弃物和农业化学品等造成的农业面源污染，我国进一步对《中华人民共和国农业法》进行了补充修订。2003 年，为了促进我国农村的清洁化生产，国家实施了《中华人民共和国清洁生产促进法》，要求农业生产者充分了解饲料添加剂、农药、化肥、农用薄膜的科学使用方法，对养殖和种植技术进行改进，逐步使农业生产实现废物资源的循环利用，积极减少农业面源污染，并为社会生产无害、优质的农产品。2008 年，为规范我国农村水污染的治理，国家补充修订了《中华人民共和国水污染防治法》，并使其成为我国污染治理的一部重要法典。2009 年开始实施的《中华人民共和国循环经济促进法》，对实现农业资源的综合利用和发展农村循环经济进行了详细的规定。2010 年后，为了全面防范农业面源污染的产生，我国又相继出台了《畜禽养殖业污染防治技术政策》《农药使用环境安全技术导则》和《农村生活污染控制技术规范》等一系列技术性规范与政策。2012 年，为了进一步促进化肥、农药的安全使用，我国对《中华人民共和国农业法》再一次进行修订，提出了推广低毒、高效、低残留农药广泛使用的管理办法。

上述法律、法规为我国农业面源污染的治理提供了原则性、纲领性的指导，但其针对性与可操作性尚显不足。直到 2014 年，我国首次针对农业面源污染治理的环保法规《畜禽规模养殖污染防治条例》的实施，才使我国的农业面源污染治理迈出了坚实的一步。同年我国进一步修订完善《中华人民共和国环境保护法》，将生态补偿、生态保护红线等制度纳入其中。2015 年，新修订的《中华人民共和国环境保护法》开始实施，标志着我国的环保法制体系基本建立。新修订的《中华人民共和国环境保护法》要求各级政府建立环保基金；县级人民政府应负责处置农村生活废弃物，对农户合理使用化肥、农药等农业投入品进行指导，应组织农户学习处理农业废弃物的有效方法，并加强对农业面源污染的监测预警。2016 年，《农药管理条例》修订工作被列入国务院工作计划，修订后的《农药管理条例》于 2017 年 3 月发布并自 2017 年 6 月起施行。

以上政策法规虽然对防治农业面源污染进行了规范与指导，但对基层治理行为的规定不够具体，也没有明确的权责划分，使得农业面源污染的治理成本较高。

3.2.2 经济激励型政策工具

在经济激励方面，1995 年上海市就颁布了《上海市畜禽污染防治暂行规定》，对排污收费、排污许可证、畜禽粪便处理等问题进行了规定，并对排污标准进行了细化。20 世纪 90 年代初期和中期，为了控制农业面源污染，我国开始将农业综合开发重点转变为改造中低产田、逐渐减少对荒地的开垦。为了使农业发展目标与环境保护目标相协调，我国在这一时期还开展了规模很大的生态修复项目——退耕还林还草工程。在这一时期中，农业面源污染的治理工具主要以命令控制型工具为主，经济激励型工具使用较少。

为了能充分发挥农业生产残留物质的生产潜力并防止农业面源污染扩大，1999 年我国开始实施生态农业工程技术，建设低洼地基塘农业生态工程、氧化塘工程、沼气综合利用工程等促进农业生态系统的绿色循环。从 2005 年开始，我国投资 5.4 亿元人民币组织实施了测土配方施肥的推广行动。为了贯彻执行《中华人民共和国水污染防治法》和《中华人民共和国环境保护法》，并建设、运行和维护我国人工湿地污水处理工程，国家又制定了《人工湿地污水处理工程技术规范》，对我国人工湿地项目的总体要求进行了规定。为了进一步支持对农业面源污染的治理，"十一五"规划中指出"对垃圾填埋和秸秆焚烧项目提供政策支持、加快发展生物能源"。

为了更好地防治由化肥不当施用引起的农业面源污染问题，我国从 2008 年 6 月开始对生产有机肥的企业实施增值税减免政策，并对农户使用有机肥给予支持。为了加强农膜生产管理，政府制定了《农用薄膜行业准入条件》和《农膜行业准入管理办法实施细则》等，促进了我国农用塑料薄膜行业的健康发展。之后，为了加快农药产业结构的调整，政府又颁布了《农药产业政策》，通过对盲目生产农药者的处罚引导我国农药产业的结构性转变。

为了探索我国农业面源污染治理的有效方式，我国在广东省开展了世界银行贷款广东农业面源污染治理项目的试点，为我国治理农业面源污染积累经验。为了使农业补贴促进农业的绿色生态发展，我国将三项补贴合并为"农业支持保护补贴"，将补贴的重点目标转向粮食适度规模经营和耕地地力的保护方面。

总体而言，我国现有农业面源污染治理工具中命令控制型政策工具占据主要地位，我国在经济激励型政策工具的运用上仍存在明显不足，例如没有对传统化肥和高毒农药进行征税，也没有全国性的补贴政策来促进有机化肥的使用和生产；而且我国的经济激励型政策在押金制度方面存在空白，也没有对禽畜养殖和大型的沼气工程提供金融支持。

3.2.3 公众参与型政策工具

随着农业面源污染和农村生态环境破坏的形势日趋严峻，公众参与受到越来越多的重视。我国于 1998 年颁布了《中共中央关于农业和农村工作若干重大问题的决定》，1999 年颁布了《秸秆焚烧和综合利用管理办法》，2000 年发布了《村镇规划卫生标准》等一系列相关规定，为公众参与环境保护提供了制度性保障，并取得了一定的成果。为了进一步鼓励公众参与环境保护，我国在 2008 年又颁布了《中华人民共和国水污染防治法》，2010 年修订了《村民委员会组织法》等法律、法规，明确了社会公众参与环境保护和治理的权利与义务。

为了引导和鼓励社会公众积极参与对我国农业面源污染的治理，2014年新修订的《中华人民共和国环境保护法》对公众参与治理农业面源污染进行了明确的规定。虽然新修订的《中华人民共和国环境保护法》向公众参与迈出了关键的一步，但基层治理的具体规则仍存在许多管理上的缺失。2014 年实施的《畜禽规模养殖污染防治条例》也缺少对基层治理的具体阐述与规定。为了让公众参与环境评价有法律依据，2016 年我国修订了《中华人民共和国环境影响评价法》，但仅提出了一些原则性规定，适用性和可操作性较低。

　　现阶段，我国农业面源污染治理的公众参与渠道主要有村民论坛、举报投诉、民间环保协会、村民会议等。这些公众参与形式对我国农业面源污染的治理起到了一定的促进作用，一定程度上改善了农村的生态环境。但上述法律、法规以及其他相关环保法规对公众参与的规定均比较抽象，使公众参与型政策工具的作用无法得到充分、有效地发挥。

第 4 章
基于演化博弈的农业面源污染治理政策工具的比较分析

本书考虑到现实中博弈方的完全理性难以实现，同时也考虑到中央政府的地位具有一定的特殊性，是环境政策的制定者，因此将中央政府纳入理论分析框架，以有限理性的中央政府、地方政府和农户作为决策主体，建立三方演化博弈模型，然后依据复制子动态系统和 MATLAB 仿真技术，揭示我国农业面源污染治理过程中各类治理政策工具的适用条件和作用机制。

4.1　农业面源污染治理利益相关者的博弈关系分析

生态学理论指出，在自然界中，不同的生物体之间有着复杂的关系，在外部环境的综合作用下，生物群体因为觅食、生存等一些因素而不停地发展演变，进而形成了"物竞天择、适者生存、不适者淘汰"的演化规律[30]。

由于农业环境具有外部性，作为农业面源污染治理体系中最直接的利益相关者——农户，治理农业面源污染不会直接受益，且有机肥、环保治虫和可降解塑料薄膜往往需要花费更高的成本。此外，在我国，农业的收益相对较低，运作资金不足，这使得我国农业技术科研和推广系统大多数处于半运行的状态；且一些农资销售人员的文化素质较低，不能给农户提供有效的技术指导，使得治理农业面源污染的效果大打折扣。因此，农户为了实现自身利益的最大化，在没有外部约束的情况下，往往施用成本较低的非有机肥，造成农业面源污染物的累积。

地方政府作为农业面源污染治理政策的执行者和监督者，是农业面源污染治理中又一不可或缺的主体，其监管强度与效率将对农户治理行为产生直接（间接）的影响。由于受到中央政府经济绩效与环境绩效双重考核的影响，一方面，地方政府要追求属地 GDP 的高速增长以缓解其财政压力，这样势必降低其环境监管强度，并减少其在农业面源污染治理方面的补贴和投资。另一方面，为了抑制农业面源污染、避免中央政府的追责，地方政府也需要适度执行农业面源污染的治理政策以防止农业生态环境过度恶化。因此，地方政府会根据当地的经济发展水平和环境绩效考核需要，对农业面源污染治理政策的执行程度进行权衡考量。

中央政府作为政策的制订者，是制定农业面源污染治理政策的决策主体，同时也承担着对地方政府执行农业面源污染治理政策的监管职责。中央政府主要通过运用命令控制型、经济激励型和公众参与型政策工具，对农业面源污染的其他利益主体行为产生积极的引导作用。纵观已出台的环境规制政策，我国针对农业面源污染治理的政策工具并不丰富，这无疑在客观上减弱了中央政府对其他利益主体的影响与引导作用。

社会公众作为外在的社会监督和制衡力量，对治理农业面源污染的影响力正在日益增强。当社会公众受到农业面源污染的危害时，他们会觉得农户缺少社会责任感，并可能采取一些惩治措施，向地方政府举报农户的污染行为使农户受到惩罚，或减少对农户产品的购买从而降低农户的收益。社会公众的负面评价也会导致地方政府的声誉下降，增加政府的公共治理及环境治理成本。

综上所述，农业面源污染的治理涉及多方利益主体，不仅需要中央政府制定环境规制与政策，还需要地方政府和农户的积极配合与实施。然而由于各利益主体的目标不同甚至相悖，中央政府制定的政策需满足对地方政府和农户的激励约束相容，才能实现对农业面源污染的有效治理。

4.2 演化博弈模型的构建与分析

4.2.1 模型假设

假设 1 在不考虑其他约束的"自然"环境中，由农户、地方政府和中央政府三方主体构成了一个农业面源污染治理的完整体系，该体系内三类群体的总数保持稳定。由于各行为主体的感知、认识能力有限，不可能准确无误地获取、储存和使用信息，因此各行为主体均是具有学习能力的有限理性个体，具有各自的行为选择策略。该治理体系受到社会公众的外部监督和制衡。

假设 2 农户为"理性人"，由于农业环境具有公共物品属性，农户不会主动治理农业面源污染。我们设农户正常的生产收益为 K，农户选择使用有机肥、环保治虫、选用易分解农用塑料薄膜或举报污染行为等积极治理农业面源污染的策略会获得政府补助 S_2，并会获得一些间接性非物质形态的效益 M（如当地居民的表扬和赞赏、农产品竞争力的提升等）。反之，如果选择增加农业面源污染的策略（如加大化肥、农药等的投入量）会得到额外的经济收益 E，但同时对地方环境造成损害，产生环境负外部收益 p；若被发现，农户将以比率 η 受到政府惩罚，即受到 ηE 的政府经济性惩罚并遭受公众谴责等一些非物质损失 A，其中 η 为农户污染行为被发现的概率。

假设 3　地方政府执行农业面源污染治理的政策，需要付出一定的财力、物力、人力等监管成本和为农户提供环保技术指导的成本，共计 C_1，政府对采取污染治理行为的农户的补贴为 S_2，设地方政府发现农户治理农业面源污染的概率为 σ_1；同时，地方政府能获得环境质量改善所带来的环境收益 h，也能获得中央政府的补贴奖励 S_1 和公众的赞扬、认可等额外收益 S；但地方政府执行农业面源污染治理的政策也会一定程度上降低地区经济增长率，造成地方经济上的损失 G。若地方政府不执行农业面源污染治理政策，会使农业生态环境遭受损失 P，同时受到中央政府的惩罚 F 和因公众不满其环境治理表现所造成的政治声誉损失 H。

假设 4　中央政府制定治理农业面源污染的规制政策，规制工具有命令控制型、经济激励型和公众参与型三种类型。同时，中央政府对地方政府的政策执行情况进行督查，其监查成本为 C_2。由于信息的不对称，中央政府发现地方政府执行农业面源污染治理政策的概率为 σ_2，中央政府对执行治理政策的地方政府给予补贴 S_1，否则给予地方政府惩罚 F。此外，若地方政府不执行环境政策，社会公众除了对地方政府不满外，还会认为中央政府没有发挥其监察职能。考虑到社会公众对中央政府的评价依据是地方政府的行为，因此假定中央政府的社会声誉损失为 $\varepsilon\theta H$，其中，$\theta(0<\theta<1)$ 为地方政府的声誉对中央政府声誉影响的比率，$\varepsilon(0<\varepsilon<1)$ 为公众参与治理的程度。中央政府的财政收入会受到地方政府收入的影响，假设地方政府向中央政府的缴税比率为 $\alpha(0<\alpha<1)$，地方环境污染损失对全国环境污染总损失影响的比率为 $\beta(0<\beta<1)$。

假设 5　中央政府、地方政府和农户均有两类行为选择策略，即中央政府对地方政府执行农业面源污染治理政策的状况监察与否、地方政府实施农业面源污染治理政策与否、农户减少农业面源污染与否。在有限理性情形下，中央政府选择监察策略的概率为 x，地方政府选择执行农业面源污染治理政策的策略的概率为 y，农户选择治理农业面源污染策略的概率为 z。

为使研究简单化并保持一般性，我们假设全部参数的符号均为正。

4.2.2 博弈函数构建

根据以上假设，本书构建的农业面源污染治理三方利益主体的博弈矩阵如表 4 – 1 所示。

表 4 – 1　中央政府、地方政府和农户的博弈矩阵

中央政府	地方政府	农户	
		治理	不治理
监查	执行	$\begin{bmatrix} -C_2 - \alpha G + \beta h - \sigma_2 S_1, \\ -C_1 - G + h + S + \sigma_2 S_1 - \sigma_1 S_2, \\ K + \sigma_1 S_2 + M \end{bmatrix}$	$\begin{bmatrix} -C_2 - \alpha(G - \sigma_1 \eta E) + \beta(h - (1-\sigma_1)p) - \sigma_2 S_1, \\ -C_1 - G + h + \sigma_1 \eta E - (1-\sigma_1)p + S + \sigma_2 S_1, \\ K + E - \eta E - \varepsilon A - (1-\sigma_1)p \end{bmatrix}$
	不执行	$\begin{bmatrix} -C_2 + \sigma_2 F - \beta(1-\sigma_2)P, \\ -\sigma_2 F - (1-\sigma_2)P - \varepsilon H, \\ K + M - (1-\sigma_2)P \end{bmatrix}$	$\begin{bmatrix} -C_2 + \sigma_2 F - \beta((1-\sigma_2)P + p), \\ -\sigma_2 F - ((1-\sigma_2)P + p) - \varepsilon H, \\ K + E - \varepsilon A - ((1-\sigma_2)P + p) \end{bmatrix}$
不监查	执行	$\begin{bmatrix} -\alpha G + \beta h - \varepsilon \theta H, \\ -C_1 - G + h + S - \sigma_1 S_2, \\ K + \sigma_1 S_2 + M, \end{bmatrix}$	$\begin{bmatrix} -\alpha(G - \sigma_1 \eta E) + \beta(h - (1-\sigma_1)p) - \varepsilon \theta H, \\ -C_1 - G + h + \sigma_1 \eta E - (1-\sigma_1)p + S, \\ K + E - \eta E - \varepsilon A - (1-\sigma_1)p \end{bmatrix}$
	不执行	$\begin{bmatrix} -\beta P - \varepsilon \theta H, \\ -P - \varepsilon H, \\ K + M - P \end{bmatrix}$	$\begin{bmatrix} -\beta(P + p) - \varepsilon \theta H, \\ -(P + p) - \varepsilon H, \\ K + E - \varepsilon A - (P + p) \end{bmatrix}$

当中央政府、地方政府和农户的策略空间为（监查，执行，治理）时，对中央政府来说，除要付出监查成本 C_2 和对执行治理政策的地方政

发放相应的补贴 $\sigma_2 S_1$ 外，还会因地方政府执行治理政策而对中央政府造成税收损失 αG，但其得到了相应的环境收益 βh。对地方政府来说，其会得到中央政府的补贴 $\sigma_2 S_1$、获得公众的赞扬等额外收益 S，以及得到环境收益 h；付出的成本则包括执行治理政策的成本 C_1 和地方经济损失 G，及对采取环保措施的农户发放的补贴 $\sigma_1 S_2$。对农户来说，采取治理行为在得到正常收益 K 的基础上还可以得到政府发放的相应补贴 $\sigma_1 S_2$ 和间接的、非物质形态的额外收益 M。故中央政府、地方政府和农户收益为（$-C_2 - \alpha G + \beta h - \sigma_2 S_1$，$-C_1 - G + h + S + \sigma_2 S_1 - \sigma_1 S_2$，$K + \sigma_1 S_2 + M$）。同理可得其他策略空间下的三方演化博弈主体的收益，见表 4－1。

4.2.3　演化过程的均衡点

在有限理性条件下，参与人之间的博弈是成员随机配对、相互学习的重复博弈，其策略调整过程可以用复制动态机制来模拟。由于博弈参与方获取和处理信息的能力有限，因此他们依据自己的历史经验和试错学习过程对其他博弈方的策略选择做出适当的判断，然后再决定自己应采取哪种最佳行为策略[52]。

根据表 4－1 可知，对中央政府来说，选择"监察"策略的期望收益为：

$$U_1 = (-C_2 - \alpha G + \beta h - \sigma_2 S_1) yz + (-C_2 - \alpha(G - \sigma_1 \eta E) + \beta(h - (1 - \sigma_1)p) - \sigma_2 S_1) y(1 - z) + (-C_2 + \sigma_2 F - \beta(1 - \sigma_2)P)(1 - y)z + (-C_2 + \sigma_2 F - \beta((1 - \sigma_2)P + p))(1 - y)(1 - z)$$

选择"不监察"策略的期望收益为：

$$U_2 = (-\alpha G + \beta h - \varepsilon\theta H)yz + (-\alpha(G - \sigma_1\eta E) + \beta(h - (1-\sigma_1)p) - \varepsilon\theta H)y(1-z) + (-\beta P - \varepsilon\theta H)(1-y)z + (-\beta(P+p) - \varepsilon\theta H)(1-y)(1-z)$$

中央政府的平均期望收益为：

$$U_{\text{平均}1} = xU_1 + (1-x)U_2$$

同理，对地方政府来说，选择"执行"策略的期望收益为：

$$U_3 = (-C_1 - G + h + S + \sigma_2 S_1 - \sigma_1 S_2)xz + (-C_1 - G + h + \sigma_1\eta E - (1-\sigma_1)p + S + \sigma_2 S_1)x(1-z) + (-C_1 - G + h + S - \sigma_1 S_2)(1-x)z + (-C_1 - G + h + \sigma_1\eta E - (1-\sigma_1)p + S)(1-x)(1-z)$$

选择"不执行"策略的期望收益为：

$$U_4 = (-\sigma_2 F - (1-\sigma_2)P - \varepsilon H)xz + (-\sigma_2 F - ((1-\sigma_2)P + p) - \varepsilon H)x(1-z) + (-P - \varepsilon H)(1-x)z + (-(P+p) - \varepsilon H)(1-x)(1-z)$$

地方政府的平均期望收益为：

$$U_{\text{平均}2} = yU_3 + (1-y)U_4$$

对农户来说，选择"环保"策略的期望收益为：

$$U_5 = (K + \sigma_1 S_2 + M)xy + (K + M - (1-\sigma_2)P)x(1-y) + (K + \sigma_1 S_2 + M)(1-x)y + (K + M - P)(1-x)(1-y)$$

选择"不环保"策略的期望收益为：

$$U_6 = (K + E - \eta E - \varepsilon A - (1-\sigma_1)p)xy + (K + E - \varepsilon A - ((1-\sigma_2)P + p))x(1-y) + (K + E - \eta E - \varepsilon A - (1-\sigma_1)p)(1-x)y + (K + E - \varepsilon A - (P+p))(1-x)(1-y)$$

农户的平均期望收益为：

$$U_{平均3} = zU_5 + (1 - z)U_6$$

依据 Malthusian 方程，中央政府选择"监察"策略的比例增加率 dx/dt 和选择该策略所获得的效用与群体支出差呈正比，即中央政府的复制动态方程为：

$$\frac{dx}{dt} = x(U_1 - U_{平均1}) = x(1 - x)(U_1 - U_2)$$

将 U_1 和 U_2 代入中央政府的复制动态方程中，可以得到：

$$F(x) = \frac{dx}{dt} = x(1 - x)(-C_2 + \sigma_2 F + \beta\sigma_2 P + \varepsilon\theta H - \sigma_2(S_1 + F + \beta P)y)$$

$$(4.1)$$

同理，地方政府的复制动态方程为：

$$\frac{dy}{dt} = y(U_3 - U_{平均2}) = y(1 - y)(U_3 - U_4)$$

将 U_3 和 U_4 代入地方政府的复制动态方程中，可以得到：

$$F(y) = \frac{dy}{dt} = y(1 - y)(-C_1 - G + h + \sigma_1\eta E + P + S + \sigma_1 p + \varepsilon H +$$
$$(4.2)$$
$$\sigma_2(F + S_1 - P)x - \sigma_1(S_2 + p + \eta E)z)$$

农户的复制动态方程为：

$$\frac{dz}{dt} = z(U_5 - U_{平均3}) = z(1 - z)(U_5 - U_6)$$

将 U_5 和 U_6 代入农户的复制动态方程中，可以得到：

$$F(z) = \frac{dz}{dt} = z(1-z)(M - E + \varepsilon A + p + (\sigma_1 S_2 + \eta E - \sigma_1 p)y) \quad (4.3)$$

由三个主体的复制动态方程式（4.1）、（4.2）和（4.3）可得如下复制动态方程系统：

$$\begin{cases} F(x) = x(1-x)(-C_2 + \sigma_2 F + \beta\sigma_2 P + \varepsilon\theta H - \sigma_2(S_1 + F + \beta P)y) \\ F(y) = y(1-y)(-C_1 - G + h + \sigma_1\eta E + P + S + \sigma_1 p + \varepsilon H + \\ \quad\quad \sigma_2(F + S_1 - P)x - \sigma_1(S_2 + p + \eta E)z) \\ F(z) = z(1-z)(M - E + \varepsilon A + p + (\sigma_1 S_2 + \eta E - \sigma_1 p)y) \end{cases} \quad (4.4)$$

令复制动态系统满足 $F(x) = 0$、$F(y) = 0$、$F(z) = 0$，可知中央政府、地方政府和农户三方博弈系统在三维立面 $p = \{(x, y, z) | 0 \le x, y, z \le 1\}$ 上必然存在 2^3 个三种群采纳纯策略的均衡点：$E_1(0, 0, 0)$、$E_2(0, 0, 1)$、$E_3(0, 1, 0)$、$E_4(1, 0, 0)$、$E_5(1, 1, 0)$、$E_6(1, 0, 1)$、$E_7(0, 1, 1)$ 和 $E_8(1, 1, 1)$；且有可能存在 4 个单种群选择纯策略的演化均衡点：$E_9(0, y_9, z_9)$、$E_{10}(x_{10}, y_{10}, 0)$、$E_{11}(1, y_{11}, z_{11})$ 和 $E_{12}(x_{12}, y_{12}, 1)$；以及存在 1 个可能的混合策略演化均衡点 $E_{13}(x_{13}, y_{13}, z_{13})$。其中，可能的均衡点 $E_9(0, y_9, z_9)$ 存在的条件为 $0 < y_9 < 1$，且 $0 < z_9 < 1$；均衡点 $E_{10}(x_{10}, y_{10}, 0)$ 存在的条件为 $0 < x_{10} < 1$，且 $0 < y_{10} < 1$；同理可得其他均衡点存在的条件。求解方程组得上述变量取值如下：

$$y_9 = \frac{E - M - \varepsilon A - p}{\sigma_1 S_2 + \eta E - \sigma_1 p}, \quad z_9 = \frac{-C_1 - G + h + \sigma_1\eta E + \sigma_1 p + S + P + \varepsilon H}{\sigma_1(S_2 + p + \eta E)},$$

$$x_{10} = \frac{-C_1 - G + h + \sigma_1\eta E + P + S + \sigma_1 p + \varepsilon H}{-\sigma_2\sigma_2(F + S_1 - P)}, \quad y_{10} = \frac{-C_2 + \sigma_2 F + \beta\sigma_2 P + \varepsilon\theta H}{\sigma_2(S_1 + F + \beta P)},$$

$$y_{11} = \frac{E - M - \varepsilon A - p}{\sigma_1 S_2 + \eta E - \sigma_1 p}, \quad z_{11} = \frac{-C_1 - G + h + \sigma_1 \eta E + P + S + \sigma_1 p + \varepsilon H + \sigma_2 (F + S_1 - P)}{\sigma_1 (S_2 + p + \eta E)},$$

$$x_{12} = \frac{-C_1 - G + h + P + S + \varepsilon H - \sigma_1 S_2}{-\sigma_2 (F + S_1 - P)}, \quad y_{12} = \frac{-C_2 + \sigma_2 F + \beta \sigma_2 P + \varepsilon \theta H}{\sigma_2 (S_1 + F + \beta P)},$$

$$y_{13} = \frac{E - M - \varepsilon A - p}{\sigma_1 S_2 + \eta E - \sigma_1 p} = \frac{-C_2 + \sigma_2 F + \beta \sigma_2 P + \varepsilon \theta H}{\sigma_2 (S_1 + F + \beta P)}, \quad \sigma_1 (S_2 + p + \eta E) z_{13} -$$

$$\sigma_2 (F + S_1 - P) x_{13} = -C_1 - G + h + \sigma_1 \eta E + P + S + \sigma_1 p + \varepsilon H_\circ$$

4.2.4　均衡点的稳定性分析

我们通过复制动态方程组所求得的均衡点，不一定就是系统的演化稳定策略点。根据 Friedman（1998）的理论，系统 Jacobi 矩阵的特征值可以用来判断局部均衡点的稳定性，其渐进稳定的充要条件是该系统方程组的 Jacobi 矩阵的所有特征值都有负实部[49]。Jacobi 矩阵算法如下：

$$J = \begin{bmatrix} \dfrac{\partial F(x)}{\partial x} & \dfrac{\partial F(x)}{\partial y} & \dfrac{\partial F(x)}{\partial z} \\[2mm] \dfrac{\partial F(y)}{\partial x} & \dfrac{\partial F(y)}{\partial y} & \dfrac{\partial F(y)}{\partial z} \\[2mm] \dfrac{\partial F(z)}{\partial x} & \dfrac{\partial F(z)}{\partial y} & \dfrac{\partial F(z)}{\partial z} \end{bmatrix} \tag{4.5}$$

我们计算该系统在每个可能均衡点的 Jacobi 矩阵 J 的特征值，以此判断均衡点的渐进稳定性。我们以均衡点 E_1（0，0，0）为例探讨其渐近稳定条件，根据（4.5）计算可得到该点的 Jacobi 矩阵式（4.6）。

$$J = \begin{bmatrix} \lambda_1 & 0 & 0 \\ 0 & \lambda_2 & 0 \\ 0 & 0 & \lambda_3 \end{bmatrix} \qquad (4.6)$$

Jacobi 矩阵的三个特征值 $\lambda_1 = -C_2 + \sigma_2 F + \beta\sigma_2 P + \varepsilon\theta H$，$\lambda_2 = -C_1 - G + h + \sigma_1\eta E + P + S + \sigma_1 p + \varepsilon H$，$\lambda_3 = M - E + \varepsilon A + p$。$E_1(0, 0, 0)$ 渐进稳定的前提条件是 λ_1、λ_2、$\lambda_3 < 0$。同理，我们也可获得其他均衡点的特征值及渐近稳定性条件，各均衡点的特征值见表 4-2。

表 4-2 复制动态系统的均衡点及其特征值

均衡点	特征值	渐进稳定性
$E_1(0,0,0)$	$\lambda_1 = -C_2 + \sigma_2 F + \beta\sigma_2 P + \varepsilon\theta H$， $\lambda_2 = M - E + \varepsilon A + p$， $\lambda_3 = -C_1 - G + h + \sigma_1\eta E + P + S + \sigma_1 p + \varepsilon H$	条件 1
$E_2(0,0,1)$	$\lambda_1 = -C_2 + \sigma_2 F + \beta\sigma_2 P + \varepsilon\theta H$， $\lambda_2 = -(M - E + \varepsilon A + p)$， $\lambda_3 = -C_1 - G + h + P + S + \varepsilon H - \sigma_1 S_2$	条件 2
$E_3(0,1,0)$	$\lambda_1 = -C_2 + \varepsilon\theta H - \sigma_2 S_1$， $\lambda_2 = M - E + \varepsilon A + p + \sigma_1 S_2 + \eta E - \sigma_1 p$， $\lambda_3 = -(-C_1 - G + h + \sigma_1\eta E + P + S + \sigma_1 p + \varepsilon H)$	条件 3
$E_4(1,0,0)$	$\lambda_1 = -(-C_2 + \sigma_2 F + \beta\sigma_2 P + \varepsilon\theta H)$， $\lambda_2 = M - E + \varepsilon A + p$， $\lambda_3 = -C_1 - G + h + \sigma_1\eta E + P + S + \sigma_1 p + \varepsilon H + \sigma_2(F + S_1 - P)$	条件 4
$E_5(1,1,0)$	$\lambda_1 = -(-C_2 + \varepsilon\theta H - \sigma_2 S_1)$， $\lambda_2 = M - E + \varepsilon A + p + \sigma_1 S_2 + \eta E - \sigma_1 p$， $\lambda_3 = -(-C_1 - G + h + \sigma_1\eta E + P + S + \sigma_1 p + \varepsilon H + \sigma_2(F + S_1 - P))$	条件 5
$E_6(1,0,1)$	$\lambda_1 = -(-C_2 + \sigma_2 F + \beta\sigma_2 P + \varepsilon\theta H)$， $\lambda_2 = -(M - E + \varepsilon A + p)$， $\lambda_3 = -C_1 - G + h + P + S + \varepsilon H + \sigma_2(F + S_1 - P) - \sigma_1 S_2$	条件 6

（续表）

均衡点	特征值	渐进稳定性
$E_7(0,1,1)$	$\lambda_1 = -C_2 + \varepsilon\theta H - \sigma_2 S_1,$ $\lambda_2 = -(M - E + \varepsilon A + p + \sigma_1 S_2 + \eta E - \sigma_1 p),$ $\lambda_3 = -(-C_1 - G + h + P + S + \varepsilon H - \sigma_1 S_2)$	条件7
$E_8(1,1,1)$	$\lambda_1 = -(-C_2 + \varepsilon\theta H - \sigma_2 S_1),$ $\lambda_2 = -(M - E + \varepsilon A + p + \sigma_1 S_2 + \eta E - \sigma_1 p),$ $\lambda_3 = -(-C_1 - G + h + P + S + \varepsilon H + \sigma_2(F + S_1 - P) - \sigma_1 S_2)$	条件8
$E_9(0,y_9,z_9)$	$\lambda_1 = -C_2 + \sigma_2 F + \beta\sigma_2 P + \varepsilon\theta H - \sigma_2(S_1 + F + \beta P)y_9,$ $\lambda_2 = -(^y_9(1-y_9)\sigma_1(S_2 + p + \eta E)z_9(1-z_9)(\sigma_1 S_2 + \eta E - \sigma_1 p))1/2,$ $\lambda_3 = (^y_9(1-y_9)\sigma_1(S_2 + p + \eta E)z_9(1-z_9)(\sigma_1 S_2 + \eta E - \sigma_1 p))1/2$	不稳定
$E_{10}(x_{10},y_{10},0)$	$\lambda_1 = M - E + \varepsilon A + p + (\sigma_1 S_2 + \eta E - \sigma_1 p)y_{10},$ $\lambda_2 = -(^x_{10}(1-x_{10})\sigma_2(S_1 + F + \beta P)y_{10}(1-y_{10})\sigma_2(F + S_1 - P))1/2,$ $\lambda_3 = (^x_{10}(1-x_{10})\sigma_2(S_1 + F + \beta P)y_{10}(1-y_{10})\sigma_2(F + S_1 - P))1/2$	不稳定
$E_{11}(1,y_{11},z_{11})$	$\lambda_1 = -(-C_2 + \sigma_2 F + \beta\sigma_2 P + \varepsilon\theta H - \sigma_2(S_1 + F + \beta P)y_{11}),$ $\lambda_2 = -(^y_{11}(1-y_{11})\sigma_1(S_2 + p + \eta E)z_{11}(1-z_{11})(\sigma_1 S_2 + \eta E - \sigma_1 p))1/2,$ $\lambda_3 = (^y_{11}(1-y_{11})\sigma_1(S_2 + p + \eta E)z_{11}(1-z_{11})(\sigma_1 S_2 + \eta E - \sigma_1 p))1/2$	不稳定
$E_{12}(x_{12},y_{12},1)$	$\lambda_1 = -(M - E + \varepsilon A + p + (\sigma_1 S_2 + \eta E - \sigma_1 p)y_{12}),$ $\lambda_2 = -(^y_{12}(1-y_{12})(S_1 + F + \beta P)z_{12}(1-z_{12})\sigma_1(F + S_1 - P))1/2,$ $\lambda_3 = (^y_{12}(1-y_{12})(S_1 + F + \beta P)z_{12}(1-z_{12})\sigma_1(F + S_1 - P))1/2$	不稳定
$E_{13}(x_{13},y_{13},z_{13})$	$\lambda_1 = (-q/2 + ((q/2)^2 + (p/3)^3)^{1/2})1/3 + (-q/2 - ((q/2)^2 + (p/3)^3)^{1/2})^{1/3},$ $\lambda_2 = w(-q/2 + ((q/2)^2 + (p/3)^3)^{1/2})^{1/3} + w^2(-q/2 - ((q/2)^2 + (p/3)^3)^{1/2})^{1/3},$ $\lambda_3 = w^2(-q/2 + ((q/2)^2 + (p/3)^3)^{1/2})^{1/3} + w(-q/2 - ((q/2)^2 + (p/3)^3)^{1/2})^{1/3}$	不稳定

注：$w = (-1 + \sqrt{3}i)/2, a = -x_{13}(1-x_{13})\sigma_2(S_1 + F + \beta P), b = y_{13}(1-y_{13})\sigma_2(F + S_1 - P),$
$c = -y_{13}(1-y_{13})\sigma_1(S_2 + p + \eta E), d = z_{13}(1-z_{13})(\sigma_1 S_2 + \eta E - \sigma_1 p), p = a - dc, q = abd.$

由表 4 - 2 可知，复制动态系统的均衡点 $E_9(0, y_9, z_9)$、$E_{10}(x_{10}, y_{10}, 0)$、$E_{11}(1, y_{11}, z_{11})$ 和 $E_{12}(x_{12}, y_{12}, 1)$ 的 Jacobi 矩阵 J 的特征值 $\lambda_3 > 0$，不满足李雅普诺夫演化渐进稳定性条件，因此它们均是不稳定点。

均衡点 $E_{13}(x_{13}, y_{13}, z_{13})$ 的 Jacobi 矩阵 J 的特征值 λ_1，λ_2 和 λ_3 的实部符号相反，不满足稳定性充要条件，也是不稳定的。其他均衡点渐进稳定性条件见表4-3。

表4-3　复制动态系统的均衡点稳定性条件

编号	稳定性条件
条件1	$\sigma_2 F + \beta\sigma_2 P + \varepsilon\theta H < C_2$，$h + P + S + \varepsilon H + \sigma_1 \eta E + \sigma_1 p < C_1 + G$，$M + \varepsilon A + p < E$
条件2	$\sigma_2 F + \beta\sigma_2 P + \varepsilon\theta H < C_2$，$h + P + S + \varepsilon H < C_1 + G + \sigma_1 S_2$，$E < M + \varepsilon A + p$
条件3	$\varepsilon\theta H < C_2 + \sigma_2 S_1$，$C_1 + G < h + P + S + \varepsilon H + \sigma_1 \eta E + \sigma_1 p$，$M + \varepsilon A + p + \sigma_1 S_2 + \eta E < E + \sigma_1 p$
条件4	$C_2 < \varepsilon\theta H + \sigma_2 F + \beta\sigma_2 P$，$h + P + S + \varepsilon H + \sigma_1 \eta E + \sigma_1 p + \sigma_2 (F + S_1) < C_1 + G + \sigma_2 P$，$M + \varepsilon A + p < E$
条件5	$C_2 + \sigma_2 S_1 < \varepsilon\theta H$，$C_1 + G + \sigma_2 P < h + P + S + \varepsilon H + \sigma_1 \eta E + \sigma_1 p + \sigma_2 (F + S_1)$，$M + \varepsilon A + p + \sigma_1 S_2 + \eta E < E + \sigma_1 p$
条件6	$C_2 < \varepsilon\theta H + \sigma_2 F + \beta\sigma_2 P$，$h + P + S + \varepsilon H + \sigma_2 (F + S_1) < C_1 + G + \sigma_2 P + \sigma_1 S_2$，$E < M + \varepsilon A + p$
条件7	$\varepsilon\theta H < C_2 + \sigma_2 S_1$，$C_1 + G + \sigma_1 S_2 < h + P + S + \varepsilon H$，$E + \sigma_1 p < M + \varepsilon A + p + \sigma_1 S_2 + \eta E$
条件8	$C_2 + \sigma_2 S_1 < \varepsilon\theta H$，$C_1 + G + \sigma_2 P + \sigma_1 S_2 < h + P + S + \varepsilon H + \sigma_2 (F + S_1)$，$E + \sigma_1 p < M + \varepsilon A + p + \sigma_1 S_2 + \eta E$

4.3　农业面源污染治理政策工具对演化均衡结果影响的仿真分析

从表4-2可知，存在8种可能的演化稳定均衡策略，农户作为农业面源污染的直接治理主体，其策略的选择至关重要。稳定均衡策略中存在4种农户不治理农业面源污染的演化结果，为了使演化结果跳出不良状态，即实现演化稳定均衡点 $E_1(0, 0, 0)$ 向 $E_2(0, 0, 1)$、$E_4(1, 0, 0)$ 向 $E_6(1, 0, 1)$、$E_3(0, 1, 0)$ 向 $E_7(0, 1, 1)$、$E_5(1, 1, 0)$ 向 $E_8(1, 1, 1)$

的最终转变，需要政府或公众的配合。农业面源污染治理策略选择是一个动态变化过程，由于演化路径复杂，下面我们通过 MATLAB 数值仿真分析各类政策工具对演化均衡结果的影响。

4.3.1　公众参与型政策工具的影响

公众参与型政策工具，是指公众通过社会舆论、道德压力等间接推动农户治理农业面源污染措施的落实和执行。公众环境参与主要体现在公众环保参与度、公众环保意识两个方面。在模型参数中，公众环保意识的增强使公众参与度 ε 提高，公众对农户面源污染行为的不满和指责也会增多，并带来农产品竞争力下降等非物质损失 A。

为了直观地分析各参与主体策略选择的动态演化过程，我们运用 MATLAB 数值仿真对均衡点的动态演化轨迹进行模拟。假定复制动态系统的初始点为 [0.5, 0.5, 0.5]，时段为 [0, 20]，以纵轴表示中央政府、地方政府、农户的协作比例，横轴代表时间段（下同）。设置参数 $C_2 = 10$，$C_1 = 7$，$G = 5$，$H = 2$，$h = 1$，$\beta = 0.3$，$\lambda_1 = 0.3$，$\lambda_2 = 0.6$，$S = 0.5$，$S_1 = 1$，$S_2 = 3$，$\eta = 0.5$，$E = 1$，$P = 2$，$p = 0.5$，$F = 9$，$\theta = 0.5$，$K = 2$，$M = 1.5$，$A = 2$，$\varepsilon = 0.3$。

使得条件 1 满足，此时 $E_1(0, 0, 0)$ 达到演化稳定均衡，即中央政府、地方政府和农户策略选择为"不监察，不执行，不治理"，演化结果如图 4 - 1 所示。此时，x 和 y 迅速下降，而 z 自初始点开始缓慢降低，表明农户实现均衡稳定策略的用时较长。

为了研究公众参与型工具对博弈均衡的影响，我们在 $E_1(0, 0, 0)$ 参数设置基础上调整公众参与度 ε 为 $\varepsilon_1 = 0.6$、$\varepsilon_2 = 0.9$，仿真分析演化轨迹见图4-1（a）。图 4-1（a）显示，随着公众参与度 ε 的提高，$E_2(0，0，1)$ 成为博弈的演化稳定策略，即中央政府、地方政府和农户选择"不监察，不执行，治理"。

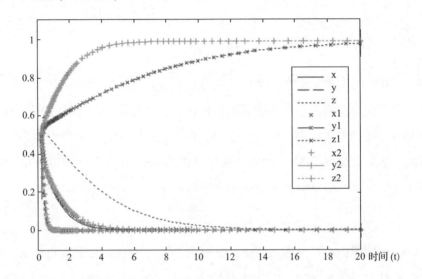

图4-1（a）　公众参与度 ε 变化对演化结果的影响（$\varepsilon=0.3$，$\varepsilon_1=0.6$，$\varepsilon_2=0.9$）

保持其他参数不变，我们将农户的非物质损失 A 的参数取值调整为 $A_1=4$、$A_2=6$，仿真分析的演化轨迹如图4-1（b）所示。随着农户非物质损失的增加，中央政府、地方政府和农户将以"不监察，不执行，治理"为最终稳定策略。

上述仿真结果表明，当无政府参与治理且公众参与型工具未发挥有效作用时，农户不治理污染获益较大，农户将采取不治理策略。即农户不会主动采取治理行为，需要外界干预并改变其收益函数，才能促进农户行为的转变。伴随公众环境治理意识的增强和公众参与度的提高，公众参与型政策工具将改变农户的支付函数从而使农户利益结构发生质变，进而将使农户转变其治理策略。这表明，即使无政府参与治理，若环保 NGO 等组织可影响农户的农业面源污染治理收益，将促进农户采取治理行为，且均衡演化策略收敛速度也得到提升。

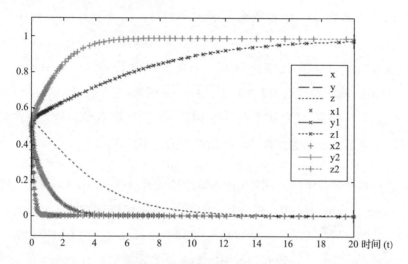

图4-1（b）　农户非物质损失 A 变化对演化结果的影响（$A=2$，$A_1=4$，$A_2=6$）

4.3.2　经济激励型政策工具的影响

经济激励型政策工具，包括正向补贴性激励和负向惩罚性激励两个方面。不同于点源污染，面源污染没有固定排污口和排污途径，其广域性、分散性的特点使得面源污染治理监管成本较高，精准激励难度较大。在实践中，部分地方政府为深化环保、城管联合执法机制，开展针对面源污染的"联合执法周"专项行动，问责督查活动内容和重点包括面源污染防控情况、群众举报办理处置情况等，对是否采取环保行为进行公示，并给予相应的奖励和惩罚。在模型参数中，政府惩罚对农户造成的损失比率 η 可代表负向惩罚激励，地方政府对采取治理行为的农户补贴的 S_2 代表了正向激励。

显然经济激励型政策工具的实施需要地方政府的介入，这时存在两种

可能的稳定均衡 $E_3(0, 1, 0)$ 和 $E_7(0, 1, 1)$，即"中央政府不监察，地方政府执行，农户不治理"和"中央政府不监察，地方政府执行，农户治理"两种策略组合。令参数取值满足条件 3：$C_2 = 12$，$C_1 = 3$，$G = 6$，$H = 3$，$\beta = 3$，$h = 0.3$，$\lambda_1 = 0.3$，$\lambda_2 = 0.6$，$S = 1$，$S_1 = 3$，$S_2 = 2$，$\eta = 0.3$，$E = 3$，$P = 5$，$p = 0.5$，$F = 9$，$\theta = 0.2$，$K = 2$，$M = 0.5$，$A = 2$，$\varepsilon = 0.5$。此时，博弈均衡点为 $E_3(0, 1, 0)$，如图 4-2（a）所示，y 自初始点开始上升，x 和 z 则自初始点开始下降。由于政府激励不足，农户采取治理行为并不会得到更大收益，因此农户选择不治理。

保持其他参数不变，调整 S_2 的参数取值为 $S_{21} = 3$、$S_{22} = 4$，演化轨迹如图 4-2(a) 所示，$E_7(0, 1, 1)$ 达到博弈的演化稳定均衡。可见，地方政府对采取治理行为的农户补贴的 S_2 增加，中央政府、地方政府和农户将以"不监察、执行、采取环保行为"为最终稳定策略，且均衡演化策略收敛速度也得到提升。

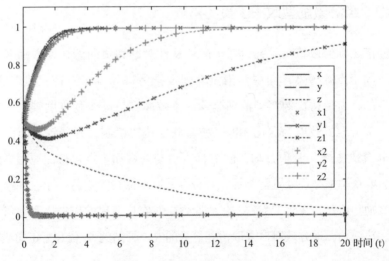

图 4-2（a） 农户补贴 S_2 变化对演化结果的影响（$S_2 = 2$，$S_{21} = 3$，$S_{22} = 4$）

保持其他参数不变，调整 η 的参数取值为 $\eta_1 = 0.6$、$\eta_2 = 0.9$，演化轨迹如图 4-2（b）所示。随着政府惩罚损失比率 η 的增大，中央政府、地方政府和农户以 "不监察、执行与采取环保行为" 为最终稳定策略，且在较短时间内达到演化稳定均衡，收敛速度也得到提升。

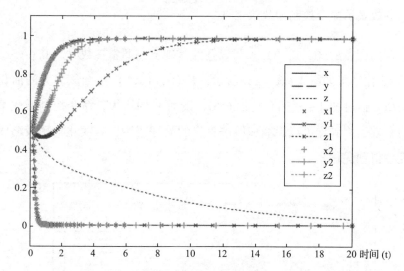

图 4-2（b）　农户损失比率 η 的变化对演化结果的影响（$\eta = 0.3$，$\eta_1 = 0.6$，$\eta_2 = 0.9$）

以上分析表明，地方政府可通过经济激励型政策工具促使农户采取治理行为，使演化稳定策略由 $E_3(0，1，0)$ 转变为 $E_7(0，1，1)$。为了推动农户参与农业面源污染的治理，地方政府应该增加政府补贴和加大惩罚比率来改变农户治理行为的收益与成本。地方政府对采取治理行为的农户正向补贴激励或负向惩罚的增大，会促使越来越多的农户采取治理的策略，有助于农业面源污染的改善，且负向惩罚的效果更显著。

4.3.3　命令控制型政策工具的影响

命令控制型政策工具，是指国家政府部门采取法律手段对环保行为进行直接管理和强制监督。命令控制型政策工具涉及执法投入和执法强度两方面。农业面源污染治理中，中央政府或地方政府会对监察对象的行为进行监督管理，且执法投入、执法强度越大，地方政府发现农户不治理的概率σ_1以及中央政府发现地方政府不执行的概率σ_2就越大，因此可用σ_1和σ_2两个参数表示命令控制型政策工具。

在均衡点$E_3(0, 1, 0)$参数设置的基础上，调整参数$\sigma_{11}=0.6$、$\sigma_{12}=0.8$，演化结果如图4-3（a）所示，$E_7(0, 1, 1)$达到该博弈的演化稳定均衡。通过图4-3（a）可以看出，随着σ_1的增大，命令控制型政策工具的有效运用同样可以影响和促进农户的治理行为，且演化均衡策略收敛速度也得到优化。

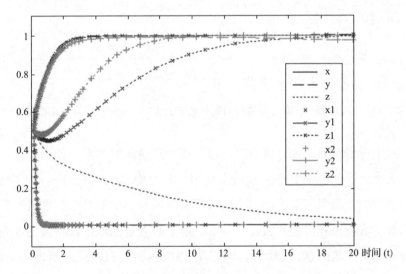

图4-3（a） 参数σ_1对演化结果的影响（$\sigma_1=0.3$，$\sigma_{11}=0.6$，$\sigma_{12}=0.8$）

由表4-3可知，在演化结果中仅有中央政府参与治理时，参数取值满足条件4，$E_4(1, 0, 0)$是复制动态系统的演化稳定策略。此时条件6的前两个条件也满足，若希望使均衡策略向$E_6(1, 0, 1)$转化，仅有中央政府的参与，无法直接改变农户的效用函数。而改变中央政府发现地方政府不执行农业面源污染政策的概率 σ_2，则可以促进地方政府的参与，进而改变农户的效用函数，促使农户采取治理行为。

假定参数满足条件 4，各参数为：$C_2 = 6$，$C_1 = 5$，$G = 7$，$H = 3$，$\beta = 0.3$，$h = 1$，$\lambda_1 = 0.3$，$\lambda_2 = 0.3$，$S = 1$，$S_1 = 1$，$S_2 = 3$，$\eta = 0.3$，$E = 3$，$P = 5$，$p = 0.5$，$F = 9$，$\theta = 0.2$，$K = 2$，$M = 0.5$，$A = 2$，$\varepsilon = 0.5$。

如图 4-3(b) 显示，博弈均衡点为 E_4 (1, 0, 0)。此时，x 自初始点就开始上升，y 和 z 则直接下降。可知仅有中央政府的参与，无法直接改变农户的效用函数，农户不会参与农业面源污染的治理。

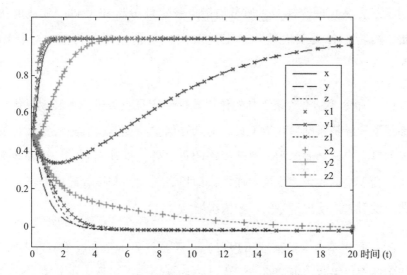

图 4-3 (b)　参数 σ_2 对演化结果的影响（$\sigma_2 = 0.3$，$\sigma_{21} = 0.6$，$\sigma_{22} = 0.9$）

保持其余参数不变，调整 σ_2 的取值为 $\sigma_{21} = 0.6$、$\sigma_{22} = 0.9$，演化轨迹如图 4-3(b) 所示。σ_2 的增大，表明中央政府增大了对地方政府的监管投入和监管强度，中央政府、地方政府和农户最终选择"监察、执行与治理农业面源污染"为演化稳定策略，且达到稳定均衡的速度也得到提高。可知中央政府严格执行命令控制型政策工具，将影响和推动地方政府的政策执行，进而改变农户的治理收益构成，并推动农户治理行为的转变。从上述结论可知，使用命令控制型政策工具得到均衡演化结果的速度较快。

4.4 农业面源污染治理政策工具的比较

本书在有限理性的基础上，针对农业面源污染治理中中央政府、地方政府、农户和社会公众的不同角色与农业面源污染治理的策略选择，构建了三方演化博弈模型，通过均衡点稳定性分析和 MATLAB 数值仿真分析，分析了各类型治理政策工具对演化均衡结果的影响。分析结果表明：

（1）命令控制型政策工具的作用效果确定且收敛迅速，其效果优于公众参与型和经济激励型政策工具。公众环保参与度、政府经济补贴与惩罚的增加是农户选择面源污染治理策略的重要外生推动因素，且三种政策工具使均衡策略的收敛速度依次加快，即提高公众参与度、政府经济补贴和惩罚力度对农户治理策略的影响依次增强。

（2）农户不会主动采取治理行为，需要外界干预并改变其收益函数，才能实现农户采取治理策略的演化稳定均衡结果。虽然中央政府是环境保护政策的制定者，但中央政府无法直接影响农户的收益函数，因此无法直接对农户的治理决策产生影响，农户不会因为中央政府监管力度的加强而主动选择治理策略，因此发挥地方政府政策执行者的作用十分重要。地方政府应该通过一系列的引导、扶持、监督和惩罚措施来保障农户在治理农业面源污染行动中获得切实利益，促进农户积极参与治理农业面源污染，提升农业环境质量。

（3）实现农户行为向治理农业面源污染的策略转变，需要社会公众的积极参与，充分发挥社会公众的社会监督和外在制衡作用。因此，政府应通过宣传、教育和引导，积极推动社会公众参与治理农业面源污染，增强公众环保意识和环境治理参与力度，增加农户选择不治理策略的成本，加强农户治理面源污染的动力。

（4）调整农业面源污染政策工具的相关参数数值进行模拟仿真，我们发现，中央政府和地方政府相互协同实施环境保护政策，保障农户从参与农业面源污染治理中获得切实利益，就可以形成三方治理的稳定均衡态势。中央政府应充分发挥其无可替代的作用，制定推动农户参与环境保护的切实可行的政策，地方政府则应承担起政策执行者的职责，对农户的环保行为进行规范和引导。

从均衡点稳定性条件可知，实现演化稳定均衡点 $E_1(0, 0, 0)$ 向 $E_2(0, 0, 1)$、$E_4(1, 0, 0)$ 向 $E_6(1, 0, 1)$ 的转变，需要调整农业面源污染治理政策工具相关参数的取值，使稳定性条件 $M + \varepsilon A + p < E$ 转变为 $E < M + \varepsilon A + p$。可以看出，若参数 E 的值较大，就会使均衡稳定条件的转化难以实现；相反，若参数 M、p 的值较大，变动公众参与型政策工具相关参数，就较易实现均衡点稳定性条件的转变，从而促进均衡策略的转变。

要实现演化稳定均衡点 $E_3(0, 1, 0)$ 向 $E_7(0, 1, 1)$ 的转变，需要调整农业面源污染治理政策工具相关参数的取值，使稳定性条件 $C_1 + G < h + P + S + \varepsilon H + \sigma_1 \eta E + \sigma_1 p$ 和 $M + \varepsilon A + p + \sigma_1 S_2 + \eta E < E + \sigma_1 p$ 转变为

$E + \sigma_1 p < M + \varepsilon A + p + \sigma_1 S_2 + \eta E$ 和 $C_1 + G + \sigma_1 S_2 < h + P + S + \varepsilon H$。可以看出，若参数 C_1、G 的值较大，就会使均衡稳定条件的转化难以实现；相反，若参数 h、P、S、εH 的值较大，变动经济激励型政策工具相关参数，就较易实现均衡点稳定性条件的转变。

要实现演化稳定均衡点 $E_5(1,1,0)$ 向 $E_8(1,1,1)$ 的转变，需要调整农业面源污染治理政策工具相关参数的取值，使稳定性条件 $C_1 + G + \sigma_2 P < h + P + S + \varepsilon H + \sigma_1 \eta E + \sigma_1 p + \sigma_2 (F + S_1)$ 和 $M + \varepsilon A + p + \sigma_1 S_2 + \eta E < E + \sigma_1 p$ 转变为 $C_1 + G + \sigma_2 P + \sigma_1 S_2 < h + P + S + \varepsilon H + \sigma_2 (F + S_1)$ 和 $E + \sigma_1 p < M + \varepsilon A + p + \sigma_1 S_2 + \eta E$。从以上分析中可以看出，若参数 C_1、G 的值较大，就会使均衡稳定条件的转化难以实现；相反，参数 h、S、εH、$F + S_1$ 的值较大，或 $(1 - \sigma_1) p$ 的值较小时，变动命令控制型政策工具相关参数，就较易实现均衡点稳定性条件的转变。

根据均衡点稳定性条件，在公众参与型政策工具方面，当农户采取不治理策略能大幅度提高农户的经济收益时，公众参与型政策工具的作用较难发挥，在此情形下需要其他工具来协同配合。当环境污染严重、农户行为产生的负外部性作用较强，且公众参与环保能显著增加农户不治理行为的成本，则公众参型政策工具能较好地促进农业面源污染的治理。

在经济激励型政策工具方面，当地方政府执行农业面源污染治理政策时产生较高的监管成本或导致较大的 GDP 损失，经济激励型政策工具将难以发挥作用。当公众对政府环境治理的关注度较高、地方政府环境治理表现严重影响其政治声誉和地区环境效益时，经济激励型政策工具能有效地发挥其环境治理作用。

在命令控制型政策工具方面，当地方政府污染治理政策的行政成本过高，以及政策的执行将严重影响地区的经济产出时，命令控制型政策工具的效果较差。当公众环保意识较强、环境治理参与度较高，公众评价对政府声誉的提高和损失产生巨大影响，农业面源污染治理政策的执行情况将严重影响地方政府的环境收益甚至使其受到较高的经济惩罚，此时，命令控制型政策工具的作用就会较易得到发挥。

根据前述仿真和比较分析，本书对农业面源污染治理政策工具的适用条件与特点进行总结，见表 4-4。

表 4-4　农业面源污染治理政策工具的适用条件与特点

政策类型	命令控制型	经济激励型	公众参与型
政策形式	标准、禁令、许可证和配额	减少补贴、债券、抵押返还、专项补贴、产权/权利分散、可交易许可证/权利、国际补偿制度	信息公开、政府支持、公众参与
最有效方式	推动地方政府执行	负向惩罚激励	提高环保意识
不适用情况	直接和间接成本较高	直接和间接成本较高	技术水平较低
适用条件	严格的政策措施、执行力度大	社会公众发挥作用较大、信息较全、环境效益回报较高	环保意识较高、参与途径畅通
优点	作用效果确定且见效较快	易于管理，灵活性较大	促进长期发展

第5章
对我国农业面源污染
治理政策工具实施效
果的实证分析

在前文理论分析的基础上，本章对我国不同类型农业面源污染治理政策工具的作用效果和相对贡献进行实证分析。

5.1 农业面源污染强度的测算

学者在描述农业面源污染程度时常常选用某一种农业面源污染物的使用强度作为代理指标。事实上，因不同的污染物所含的化学成分不同，所造成的污染程度也不同。为了能够全面地评价农业面源污染治理政策工具的实施效果，较好的办法是尽可能地选择多种污染物对农业面源污染强度进行测算。

现阶段的研究中，大多数学者采用主成分分析法测算一个综合指标，将其作为研究对象的代理变量。但是在技术选择上，考虑到使用该方法得出的排名结果可能不唯一，无法保证结果的可比性，因此本章依照叶明确提出的一种基于非线性投影的对数主成分评价法测算农业面源污染强度的综合指标[53]，该指标利用 C – D 生产函数形式的评价函数，不仅考虑了主成分与原始数据之间的非线性关系，也考虑了指标之间的非线性关系，结合主方向及其周边信息，对距离主方向较远的个体施以评价惩罚，达到更为客观公正地评价的目的。

虽然养殖业中产生的畜禽尿粪和农村生活污水，以及生活垃圾也属于农业面源污染，但其形成过程和成因与农业生产行为造成的污染存在较大差异，且农业现代化进程中化肥、农药等的大量使用，使得农业面源污染愈演愈烈。因此，为了使研究更有针对性，本章研究的农业面源污染范围仅限于农业生产过程中由农业化学投入品产生的面源污染。在农业现代化生产中，化肥、农药和农膜均属于农业化学投入品范畴，也是农业化学投入的主要内容[48]，因此我们选取单位种植面积化肥施用量（HFD）、单位种植面积农药施用量（NYD）、单位种植面积农膜施用量（NMD）作为衡量农业面源污染强度的三个指标。在对其原始数据进行标准化处理之后，我们对样本数据进行 KMO（Kaiser-Meyer-Olkin）样本测度和 Bartlett 球形检验。KMO 检验的目的是检测变量间相关和偏相关系数的相对关系，测试对数据进行因子分析是否合理，其值范围为 0 ~ 1，KMO 值越小，变量偶对之间的相关性越不能被其他变量所解释，越不能作为因子分析进行降维计算综合指数[54]。Bartlett 检验的目的是检验所用的数据是否来自多元正态分布的总体，检验结果的 F 值在一定水平下显著，表示所选取的数据总体呈正态分布，做进一步分析是合理的[54]。检验结果如表 5 – 1 所示，检验结果的 KMO 值为 0.655，说明所选变量数据适合做因子分析；Bartlett 球形检验的统计值为 168.543，与之相对的概率 P 值接近 0，表明所用数据取自正态分布总体，可进行后续分析。

表 5 –1　KMO 和 Bartlett 的检验

检验方式		统计值
取样足够度的 Kaiser – Meyer – Olkin 度量	—	0.655
Bartlett 球形检验	近似卡方	168.543 * * *

注：*、* * 和 * * * 分别表示统计量在 10%、5% 和 1% 的水平下显著（下文同）。

我们运用处理后的数据建立所选变量之间的相关系数矩阵，并进一步计算各个因子的特征值和各自的方差贡献率，然后将其按照特征值大小进行排序，按照累计方差贡献率大于 80% 的最少因子个数进行主成分提取。结果表明，经过方差极大值旋转之后，按特征值大小排序，前两个主成分的累计方差贡献率为84.8470%（如表5-2所示），表明这两个因子表达了足够的所需信息。

表5-2 各成分的方差贡献率

成分	合计	初始特征值方差的%	累积%	合计	提取平方和载入方差的%	累积%
1	1.9020	63.4160	63.4160	1.9020	63.4160	63.4160
2	0.6430	21.4320	84.8470	0.6430	21.4320	84.8470
3	0.4550	15.1530	100	—	—	—

同时，我们通过将所得的主成分矩阵进行方差最大化的正交旋转，得出旋转之后的因子载荷矩阵，其可对各个变量和各因子之间的关系进行清晰地描述。然后我们利用 SPSS 软件计算因子得分矩阵，运用回归法对各个主成分得分（FAC_1 和 FAC_2）进行计算，以各主成分方差贡献率占比为系数权重，计算综合因子得分。计算公式为：

$$FAC = (63.4160 * FAC_1 + 21.4320 * FAC_2)/84.8470$$

我们依据上述公式对因子综合得分进行计算，可得到代表性年份中我国农业面源污染综合强度指标数值，具体结果见表5-3。

表5-3 2006—2015 年中国各省市农业面源污染综合指标

年份 省市	2006	2007	2008	2009	2010	2011	2012	2013	2014	2015
北京	1.14	1.46	1.26	1.21	1.26	1.33	1.40	1.61	1.80	1.88
天津	1.03	0.98	0.94	1.00	0.92	0.90	0.85	0.89	0.79	0.64
河北	-0.02	0.03	0.04	0.08	0.08	0.11	0.14	0.22	0.25	0.24
山西	-0.47	-0.51	-0.51	-0.36	-0.40	-0.31	-0.20	-0.15	-0.12	-0.13
内蒙古	-1.37	-1.32	-1.11	-0.98	-0.81	-0.83	-0.64	-0.46	-0.34	-0.30
辽宁	0.68	0.80	0.79	0.83	0.86	0.93	0.93	0.97	0.99	0.94

（续表）

年份 省市	2006	2007	2008	2009	2010	2011	2012	2013	2014	2015
吉林	-0.44	-0.40	-0.31	-0.26	-0.26	-0.12	-0.10	-0.07	-0.08	-0.06
黑龙江	-1.64	-1.50	-1.53	-1.46	-1.33	-1.21	-1.06	-1.03	-1.01	-1.04
江苏	0.06	0.11	0.13	0.21	0.23	0.26	0.29	0.30	0.31	0.24
浙江	0.58	0.64	0.68	0.70	0.72	0.78	0.94	0.98	0.99	0.98
安徽	-0.37	-0.33	-0.40	-0.34	-0.27	-0.18	-0.11	-0.06	-0.05	-0.04
福建	0.97	1.20	1.19	1.12	1.09	1.09	1.12	1.10	1.12	1.13
江西	-0.62	-0.64	-0.57	-0.53	-0.49	-0.46	-0.42	-0.41	-0.39	-0.38
山东	1.09	1.10	1.01	0.98	0.99	0.97	0.97	0.94	0.89	0.86
河南	-0.34	-0.25	-0.18	-0.08	-0.02	0.03	0.06	0.14	0.12	0.11
湖北	-0.14	-0.11	-0.11	-0.09	-0.14	-0.12	-0.14	-0.15	-0.12	-0.10
湖南	-0.39	-0.34	-0.33	-0.40	-0.40	-0.41	-0.34	-0.34	-0.36	-0.35
广东	-0.09	-0.05	0.04	0.15	0.18	0.23	0.23	0.22	0.23	0.25
广西	-0.87	-0.77	-0.70	-0.62	-0.56	-0.51	-0.46	-0.42	-0.28	-0.29
海南	1.07	1.30	1.18	0.98	1.04	1.22	1.21	1.35	1.50	1.68
重庆	-0.61	-0.54	-0.53	-0.44	-0.43	-0.37	-0.37	-0.36	-0.35	-0.34
四川	-0.56	-0.48	-0.46	-0.40	-0.36	-0.31	-0.29	-0.30	-0.28	-0.28
贵州	-1.33	-1.24	-0.95	-1.01	-1.27	-1.12	-1.08	-1.11	-1.09	-1.07
云南	-0.40	-0.35	-0.28	-0.28	-0.19	-0.13	-0.04	-0.02	0.03	0.07
陕西	-0.86	-0.77	-0.76	-0.45	-0.36	-0.30	-0.18	-0.15	-0.17	-0.14
甘肃	-0.03	0.11	0.14	0.21	0.43	0.62	0.71	0.80	0.86	0.89
青海	-2.46	-2.56	-2.40	-1.80	-1.50	-1.06	-1.03	-0.81	-0.74	-0.68
宁夏	-1.19	-1.08	-0.92	-0.70	-0.54	-0.48	-0.42	-0.36	-0.44	-0.43
新疆	0.42	0.57	0.73	0.62	0.71	0.77	0.78	0.89	1.18	1.13
东部	0.42	0.51	0.49	0.50	0.52	0.56	0.60	0.65	0.69	0.69
中部	-0.53	-0.47	-0.43	-0.37	-0.33	-0.28	-0.21	-0.17	-0.15	-0.14
西部	-0.78	-0.70	-0.60	-0.47	-0.39	-0.26	-0.21	-0.16	-0.11	-0.09
全国	-0.25	-0.17	-0.14	-0.07	-0.03	0.05	0.09	0.15	0.18	0.19

表 5 – 3 的测算结果限于部分年份的数据。由表 5 – 3 可见，全国平均农业面源污染强度由 2006 年的 – 0.25 上升到 2015 年的 0.19，表明我国农业面源污染的情况在不断恶化；且农业面源污染呈现区域不均衡态势，污染强度最高的省份主要集中在东部地区。2015 年农业面源污染强度最高的为北京，达到 1.88，污染强度排名前五位的分别为北京、海南、福建、新疆、浙江，排名后五位的为江西、宁夏、青海、黑龙江、贵州。2010 年以后，西部地区的农业面源污染强度超过中部地区，污染强度变化最大。

5.2　模型构建

为了分析三种污染治理政策工具对农业面源污染治理的作用效果，本书参考已有文献对农业面源污染影响因素的研究，利用 2006—2015 年省际面板数据建立如下回归模型：

$$FCA_{it} = C + \beta_1 RAG_{it} + \beta_2 AS_{it} + \beta_3 PE_{it} + \beta_4 TEC_{it} + \beta_5 ES_{it} + \eta_{it} \qquad (5.1)$$

其中：i 表示全国第 i 个省份；t 表示第 t 年的测量观察数据；C 表示模型截距项；η_{it} 表示模型随机扰动项；$\beta_k(k=1, 2, L, 5)$ 表示各个解释变量的系数值。FCA 代表农业面源综合污染强度，RAG 表示农业经济规模，AS 表示农业经济结构（农林牧副渔业结构），TEC 表示农业技术进步贡献率，PE 表示农村人口规模，ES 表示农业面源污染政策工具（包括命令控制型政策工具、经济激励型政策工具、公众参与型政策工具三种）。

5.3　变量说明

5.3.1　被解释变量

为了全面反映农业面源污染的排放强度，我们采用前文测算的农业面源污染综合强度指数进行衡量，综合指数数值越大表明污染程度越深，其数据为前文测算结果。

5.3.2　核心解释变量

在各国的理论研究与实践应用中，学者大致将农业面源污染治理的政策工具划分为命令控制型、经济激励型与公众参与型三种。

命令控制型政策工具，是一种带有强制性、行为人非自愿参与的政策工具，主要方式是通过国家政府部门采取一些法律手段对农户环保行为进行干预。在环境治理方面，命令控制型政策工具涉及执法投入和执法强度两方面[55]。部分学者以地方性环保法规数量或环保系统的工作人员数量表示执法投入，用行政处罚案件数或环境投资占比表示执法强度[56-59]，但在农业面源污染治理方面均无法获得直接数据。考虑到农村是农业生产区，且根据统计数据，我国自然保护区工作人员数量与自然保护区个数呈正相关关系，因此本书以农村自然保护区个数来表示命令控制型政策工具的执法投入（*LEI*）；以农村累计已改水受益人口占农村总人口比重作为一个农村环保基础设施指标，受益人口所占比重越大，则表明政策执行力度越大，能较好地表示执法强度，因此本书以新增农村改水受益人口占农村总人口比重来表示命令控制型政策工具的执法强度（LES）。

经济激励型政策工具，又称经济手段或市场化政策工具，可以划分为两类：一类是通过政府干预使得环境外部成本内部化的政策工具，包括对排污征收罚款的负向惩罚性措施和对节能、生态项目给予补贴、补偿的正向鼓励性工具；另一类是利用市场机制来解决负外部性问题的新制度经济学派提出的政策工具——排污权交易制度[60]。经济激励型政策工具的主要手段是通过创建经济市场或采取经济激励方式，从农业面源污染产生的经济根源着手，对农户利益结构进行改变，进而影响农户的环保行为选择。部分学者用环保基础设施投资、污染治理投资占比来分析政府的政策激励[55]。与之对应，在农业污染治理方面，农村人均改水改厕政府投资、单位耕地面积退耕还林投资完成额两个指标反映了政府对农村或农业的经济激励投入，且农村改水改厕工程作为国家重大公共卫生项目，是改善农村卫生环境、保护农民健康的有效措施，是农村环境综合治理的重点；退耕还林从保护和改善生态环境出发，对易造成水土流失的坡耕地进行有计划、有步骤地植树造林，恢复森林植被，也是一项强农惠农的生态建设工程，因此本书选取农村人均改水改厕政府投资（GI）和退耕还林投资完成额与农业总产值的比值（CIR）来代表政府的经济激励型政策工具变量。

公众参与型政策工具，是指社会公众被引导或自觉参与治理农业面源污染的一类政策工具，根据参与方式和途径的不同，公众参与型政策工具可以分为两类：一类由政府部门引导，通过不断地教育、宣传，提高社会公众素质，增强公众环保意识；另一类是由相关部门发起，农民自愿参与的退耕还林、退耕还草、环境友好评选等降低农业面源污染的环保行动。部分学者认为，公众环保参与度和环保意识密切相关，基于此，这些学者分别选取工资水平、人口密度、教育水平来测度公众的环保意识强度[61-62]。考虑到工资水平和人口密度与控制变量之间的共线性关系，这两个指标不包含在本书变量选取范畴内。乡镇文化站作为对基层文化工作进行指导、为乡镇提供公共文化服务，并协助管理农村文化的公益性事业单位，个数越多，则乡镇居民的受教育程度越高，因此本书选取乡镇文化站的数量来表示政府引导的参与程度（PP）。环境治理指标中，造林政策中的退耕还林工程作为一项强农惠农的生态建设工程，与农民自愿退耕相结合，遵循"谁退耕、谁造林、谁经营、谁受益"的原则[63]，因此本书选取退耕还林面积来表示农户自愿参与程度（VP）。

5.3.3 其他控制变量

为了保证研究的可靠性，结合现有研究，我们对以下变量进行控制：人均农林牧副渔业总产值（RAG），用第一产业人均农林牧副渔业总产值来衡量，目前，学者普遍认为经济规模越大，消耗资源越多，产生的污染越多；农业经济结构（AS），用农业总产值与农林牧副渔业总产值的比值来衡量，农业种植业因投入的化肥、农药较多，因此造成的污染程度也较强[64]；农村人口规模（PE），用农村人口数来衡量，农业面源污染物的产生总量与农村人口直接相关；农业技术进步（TEC），参照朱希刚[62]和段婷婷[65]的思路，运用生产函数法估算，农业技术进步有利于农业环境质量的改善。

5.4 数据来源

为了能更准确、全面地分析我国农业面源污染治理政策工具的实施效果和相对贡献，本书使用 2006 至 2015 年全国 29 个省、市、自治区的面板数据作为数据样本（上海、西藏、中国香港、中国澳门和中国台湾因为数据缺失的原因不包括在内）。本书所用到的数据来源于《中国农村统计年鉴》《中国农业年鉴》《中国农业统计资料》《中国环境统计年鉴》《中国环境年鉴》《中国财政年鉴》以及各省的统计年鉴，以 2005 年作为基期消除价格因素的影响。对于小部分的不完整数据，本书采用线性插值的方法进行填充处理。各变量的定义与说明见表 5 - 4。

表 5 - 4　变量定义及其说明

符号	变量名称	指标计算	单位
FCA	农业面源污染综合指标	用因子综合指标估算农业面源污染程度	得分
RAG	人均农林牧副渔业总产值	农林牧副渔业总产值/第一产业从业人员	万元/人
AS	农业经济结构	农业总产值/农林牧副渔业总产值	%
PE	农村人口规模	农村人口	百万人
TEC	农业技术进步	建立生产函数估计农业技术进步率	%
LES	命令控制型 - 执法强度	农村已改水受益人口/农村总人口	%
LEI	命令控制型 - 执法投入	农村自然保护区个数	个
GI	经济激励型 - 治理投资	农村改水改厕政府投资/农村总人口	元/人
CIR	经济激励型 - 投资占比	退耕还林投资完成额/农业总产值	%
PP	公众参与型 - 引导参与	乡镇文化站个数	百个
VP	公众参与型 - 自愿参与	退耕还林面积	千公顷

为进一步进行实证检验，我们对农业面源污染综合指标、政策工具指标等相关数据进行整理筛选，并依据变量的设定和含义，对相关变量做进一步的测算，其统计性描述如表 5 - 5 所示。

表 5 – 5　主要指标的描述统计分析

变量	Mean	Median	Maximum	Minimum	Std. Dev.
FCA	0. 0033	– 0. 1234	1. 8819	– 2. 5571	0. 7883
RAG	2. 4236	2. 1145	6. 3852	0. 3616	1. 2903
AS	19. 3802	19. 9531	51. 6598	1. 5999	8. 6139
PE	22. 4618	19. 2341	63. 4242	2. 4774	14. 3510
TEC	51. 9309	48. 9808	201. 8778	– 82. 5502	36. 9870
LES	2. 0033	1. 7600	21. 5900	– 26. 5000	3. 5736
LEI	88. 0104	60. 0000	392. 0000	8. 0000	77. 9489
GI	32. 1451	28. 1762	231. 4794	2. 0350	26. 6754
CIR	0. 6931	0. 3379	5. 0344	0. 0181	0. 8625
PP	11. 4856	10. 4900	43. 7500	1. 2600	7. 5799
VP	29. 1842	21. 7410	152. 7490	0. 1440	27. 4718

5.5　计量检验

5.5.1　平稳性检验

数据平稳指随着时间的推移，数据序列的统计规律不发生变化。由于依据非平稳数据所得的计量结果没有现实意义，会造成计量模型的伪回归，因此在设定模型和估计参数前，应检验面板数据序列的平稳性。我们选用 LLC、PP 统计量进行面板数据序列的平稳性检验，具体检验结果见表 5 – 6。由表 5 – 6 可以看出，统计量均在 10% 的显著性水平下通过检验，即无论是经同质面板检验，还是经异质面板检验，模型中的回归变量均平稳，因此我们将各变量一起纳入回归模型。

表 5 – 6　单位根检验结果

变量	检验方式	LLC 统计量	PP 统计量	检验结果
FCA	(0, 0, 1)	– 6. 0642 * * *	217. 8250 * * *	平稳
RAG	(C, T, 1)	– 3. 0288 * * *	73. 2298 *	平稳
AS	(0, 0, 1)	– 8. 9743 * * *	290. 6140 * * *	平稳
PE	(0, 0, 1)	– 5. 6481 * * *	407. 4160 * * *	平稳
TEC	(C, T, 1)	– 9. 7597 * * *	247. 7720 * * *	平稳
LES	(C, T, 1)	– 12. 6500 * * *	272. 9620 * * *	平稳
LEI	(C, T, 1)	– 46. 3716 * * *	116. 3880 * * *	平稳
GI	(C, T, 1)	– 10. 9906 * * *	76. 2134 *	平稳
CIR	(C, T, 1)	– 10. 4212 * * *	99. 1840 * * *	平稳
PP	(C, T, 1)	– 1429. 0000 * * *	230. 6030 * * *	平稳
VP	(C, T, 1)	– 10. 4848 * * *	176. 9260 * * *	平稳

注：检验形式（C，T，K）分别表示单位根检验方程，包括常数项、时间趋势和滞后项的阶数。

5.5.2　面板数据模型设定

对我国现有的农业面源污染治理政策的实施效果进行测度，可供选择的计量模型有混合回归模型和变截距模型两种，具体的选择结果可以通过固定效应冗余似然比检验来确定。固定效应冗余似然比检验的原假设为 H_0：模型为混合回归模型。备选假设为 H_1：模型为变截距模型。我们运用软件 Eviews8.0 进行检验，检验结果见表 5 – 7。

表 5 – 7　固定效应冗余似然比检验结果

Effects Test	Statistic
Cross-section F	124. 8804 * * *
Cross-section Chi-square	782. 3684 * * *

在输出结果中，F 统计量为 124.8804，LR 统计量为 782.3684，对应的显著性水平均小于 1%，故拒绝原假设，选取变截距模型。变截距模型又可分为固定效应和随机效应变截距模型，我们使用 Eviews8.0 软件进行 Hausman 检验。Hausman 检验的原假设为 H_0：模型为随机效应模型。备选假设为 H_1：模型为固定效应模型。检验结果见表 5 - 8。

表 5 - 8　Hausman 检验结果

Test Summary	Chi-Sq. Statistic
Cross-section random	16.7719 *

检验结果显示，Hausman 统计量值为 16.7719，在 10% 的显著性水平下通过统计量检验，拒绝原假设，故选择固定效应变截距模型。

5.6　计量结果分析

5.6.1　农业面源污染治理政策工具的实施效果分析

由于面板数据的复杂性、多重共线性、异方差和自相关等因素会对模型回归结果产生影响，形成虚假回归，因此我们需要对模型可能存在的问题进行检验。由于各解释变量的方差膨胀因子（VIF）都小于 10，根据经验标准我们可判断解释变量之间不存在多重共线性；对于时间维度较截面数小的短面板数据，由于每个个体所含信息较少，我们无法讨论扰动项是否存在自相关性，一般假定为独立同分布，不必考虑自相关问题[66]。但考虑到数据可能存在异方差，为了消除异方差对回归结果的影响，我们对数据进行广义最小二乘回归估计。

由于不同省份的农业面源污染程度有较大差别，为进一步确保分析结论的可靠性，我们采用剔除不显著控制变量和剔除异常值（将程度最轻微和最严重的两个省份剔除）两种方法对回归结果进行稳健性检验，回归结果如表 5 - 9 所示。

表 5 - 9　模型回归结果

Variable	模型回归		剔除不显著控制变量	剔除异常值
	Coefficient	VIF	Coefficient	Coefficient
C	- 0. 2710 * (- 1. 6513)	—	- 0. 2226 (- 1. 3238)	- 0. 1937 (- 1. 1221)
RAG	0. 2419 * * * (7. 7494)	2. 3970	0. 2451 * * * (7. 8877)	0. 1976 * * * (6. 0140)
AS	- 0. 009 * * (- 2. 5878)	1. 2920	- 0. 0056 * * * (0. 0020)	- 0. 0026 * (- 1. 6619)
PE	0. 0040 * * (2. 1259)	3. 3540	0. 0044 * * (2. 5740)	0. 0037 * (1. 7954)
TEC	0. 0008 (1. 1871)	1. 2240	—	0. 000823 (1. 3293)
LES	0. 0139 * * (2. 1729)	1. 0360	0. 0134 * * (2. 1660)	0. 0155 * * (2. 3008)
LEI	- 0. 0024 * * * (- 14. 7493)	1. 3040	- 0. 0024 * * * (- 14. 1063)	- 0. 0023 * * * (- 14. 7372)
GI	0. 0038 * * * (5. 8956)	1. 2610	0. 0036 * * * (5. 7047)	0. 0037 * * * (6. 3096)
CIR	- 0. 3360 * * * (- 6. 8032)	2. 0930	- 0. 3356 * * * (- 6. 8053)	- 0. 3725 * * * (- 6. 8697)
PP	- 0. 0053 * * * (- 2. 6207)	2. 7180	- 0. 0054 * * * (- 2. 6687)	- 0. 0055 * (- 2. 2391)

（续表）

Variable	模型回归		剔除不显著控制变量	剔除异常值
	Coefficient	VIF	Coefficient	Coefficient
VP	0.0002 (0.2187)	1.4430	0.0001 (0.1080)	0.0001 (0.1016)
Adjusted – R2	0.4952		0.4942	0.4328
F – statistic	13.8899 * *		14.6548 * * *	10.0019 * *

由回归结果可知，剔除异常数据后，变量系数和显著性均没有发生显著变化，因此，异常样本点并未对估计结果造成实质性影响，回归结果对异常样本点是稳健的，模型的总体估计效果较好。模型回归结果的调整 R^2 为 0.4952，说明模型中各因素的影响对被解释变量有 49.52% 的解释能力，其中模型 F 值的检验概率也接近 0，说明模型的回归结果是显著的。回归结果的解释如下：

1. 命令控制型政策工具

两个命令控制型政策工具变量（执法强度 LES 和执法投入 LEI）均在 5% 的显著性水平下通过参数检验，但两者的系数相反，与前文预想有所不同。这说明我国执法投入的增加对于农业面源污染强度的减小具有显著促进作用，然而由于农业环境污染治理的相关政策法规并不具体、可操作性差，政府对于环境违法行为的处罚低且存在执法不严、违法不究、环境治理效率低下的问题，命令控制型政策工具难以有效发挥其应有的威慑作用，影响了该政策工具的实施效果。政府治理农业面源污染，不仅要制定合理的法律、法规，还需要加大执法强度、严格执法，这样才能有效发挥命令控制型政策工具的治理作用。

2. 市场激励型政策工具

两个市场激励型政策工具变量（经济激励型变量 GI 和 CIR）均在 1% 的显著性水平下通过检验，但系数符号相反。这说明，一方面，我国现有的经济激励型政策工具显著地抑制了农业面源污染的产生；另一方面，由于农户收入的提高在一定程度上增加了农业面源污染物的使用量，且在现实生活中农业面源污染具有不易检测性、分散性、隐蔽性、不确定和随机性等特点，使得我国治理农业面源污染的针对性经济激励政策难以发挥作用。

治理农业面源污染需要有效的奖惩激励和监督机制，然而我国目前尚未建立有效的激励机制和监督体系。由于运作资金不足，我国农技科研推广系统多处于半运行状态，难以及时对农民的施药、施肥提供技术指导；同时，国家也没有建立农业面源污染治理的专项基金，对农户化肥、农药的使用缺乏引导与监督，使得氮肥、磷肥过度施用引起的农业面源污染更加严重。

3. 公众参与型政策工具

本章选择两个公众参与型政策工具变量（引导参与 PP 和自愿参与 VP）。在回归结果中，引导参与 PP 在 1% 的显著性水平下通过检验，且系数为负，说明由政府引导的公众参与对降低农业面源污染强度具有显著作用。自愿参与系数虽为负值，但没有通过显著性检验，表明其对农业面源污染治理的作用是有限的，可能原因是：当前农民的受教育程度较低、环保意识薄弱，在农业生产中更看重眼前经济利益，参与农业面源污染治理的动力不足。并且，相关的法律、法规制定的农业面源污染治理标准较低，农户自愿参与的环保行动往往只能提升一定地域范围内的农户环保意识，社会公众与广大农户参与明显不足，尚未成为我国环境多元共治的重要参与主体。

4. 其他控制变量

就其他控制变量而言，在回归结果中，农业经济规模 RAG 在 1% 的显著性水平下通过检验，且系数显著为正，表明农业经济规模增大显著加重了我国的农业面源污染。农业经济结构（AS）在 5% 的显著性水平下通过检验，系数为正，与预想相同，表明农业经济结构的调整抑制了农业面源污染，这说明我国对农业结构的调整是正确、有效的。农业技术进步（TEC）没有通过显著性检验，可能的原因是：相关的法律、法规制定的农业面源污染治理标准较低，引导农户的技术人员能力水平低，对促进农业面源污染的治理未起到应有的作用。农村人口规模（PE）在 1% 的显著性水平下通过检验，系数为正，与预想相同，主要原因是农业人口规模的增大一方面会加重农业环境的压力，另一方面也会造成农产品需求的增加，产生较多与污染相关的消费和生产活动，并导致当地农业经济规模进一步扩大，两方面因素均会加重农业面源污染。

5.6.2　农业面源污染治理政策工具的相对贡献分析

为了进一步分析我国农业面源污染治理政策工具的相对贡献，本书依次引入控制变量、命令控制型政策工具变量、经济激励型政策工具变量、公众参与型政策工具变量对模型进行回归分析，回归结果见表 5 – 10。

表 5 – 10　模型回归结果

Variable	控制变量 Coefficient	命令控制型 Coefficient	经济激励型 Coefficient	公众参与型 Coefficient
C	– 1. 1271 * * * （ – 6. 3690）	– 1. 0187 * * * （ – 5. 6697）	– 0. 2587 （ – 1. 5941）	– 0. 2710 * （ – 1. 6513）
RAG	0. 4055 * * * （7. 0317）	0. 4019 * * * （7. 4478）	0. 2416 * * * （7. 2054）	0. 2419 * * * （7. 7494）
AS	0. 0008 （0. 6795）	0. 0007 （0. 4986）	– 0. 0050 * * * （ – 2. 6658）	– 0. 009 * * （ – 2. 5878）
PE	0. 0045 * * （2. 3110）	0. 0084 * * * （5. 2229）	0. 0018 （1. 2077）	0. 0040 * * （2. 1259）
TEC	0. 0006 （1. 2522）	0. 0005 （1. 0311）	0. 0008 （1. 3286）	0. 0008 （1. 1871）
LES	—	0. 0148 * * （1. 9824）	0. 0137 * * （2. 2863）	0. 0139 * * （2. 1729）
LEI	—	– 0. 0024 * * * （ – 21. 1618）	– 0. 0024 * * * （ – 28. 2333）	– 0. 0024 * * * （ – 14. 7493）
GI	—	—	0. 0036 * * * （5. 9129）	0. 0038 * * * （5. 8956）
CIR	—	—	– 0. 3417 * * * （ – 7. 2340）	– 0. 3360 * * * （ – 6. 8032）
PP	—	—	—	– 0. 0053 * * * （ – 2. 6207）
VP	—	—	—	0. 0002 （0. 2187）
Adjusted – R2	0. 3630	0. 4166	0. 4945	0. 4952
F – statistic	12. 0573 * *	12. 9974 * *	15. 5916 * * *	13. 8899 * *

从表 5 – 10 的回归结果可知，四种模型的 F 值检验概率均接近 0，回归结果是显著的，根据回归模型中 R^2 值，可知控制变量对被解释变量的解

释能力为 0.3630，进一步引入命令控制型政策工具变量、经济激励型政策工具变量、公众参与型政策工具变量后，其对被解释变量的解释能力依次提高为 0.4166、0.4945、0.4952。

回归结果显示，农业面源污染政策工具对我国农业面源污染治理的相对贡献为 26.70%，说明农业面源污染政策工具对我国农业面源污染的治理能力有限，没有起到较好的作用；且从各类型政策工具的贡献来看，命令控制型、经济激励型、公众参与型政策工具的相对贡献程度分别为 40.54%、58.85% 和 0.61%，表明我国农业面源污染治理相对有效的政策工具为命令控制型和经济激励型政策工具，而公众参与型政策工具的相对贡献较小。可见，当前我国公众参与污染治理的积极性较小、参与的渠道不通畅，且政府的宣传、引导与教育不足，政府引导的公众参与政策尚未起到应有的作用。在自愿环保方面，社会公众的自愿环保行为发展较慢且缺乏组织性，影响了公众参与的治理效果。

第 6 章
对我国农业面源污染
治理的政策建议

我国的农业面源污染治理政策工具并没有发挥应有的作用，对农业面源污染治理的贡献仅达 30% 左右。其中，命令控制型、经济激励型、公众参与型政策工具的相对贡献比例为 4:5:1，公众参与型政策工具基本没有发挥作用。结合前文分析，并借鉴国内外治理农业面源污染的成功经验，本书提出以下政策建议。

6.1 制度建设方面

1. 提高农业面源污染相关法律、法规的可操作性，加大命令控制型政策工具的执行力度

从各国治理经验看，命令控制型政策工具的有效实施需要健全的法律、法规作为支撑。基于此，很多国家都制定了严格、细化、可操作的法律、法规，如欧盟通过法律严厉禁止抗生素超标的牛奶上市，企业若被发现有违规行为，将被处以罚金，并被责令停产及追回超标产品进行销毁。

目前，我国农业面源污染治理的相关政策、法规的可操作性较差，且对环境违法行为缺乏严厉的处罚措施。因此，我国应加快健全农业面源污染治理的政策、法规体系，尽快出台农业废弃物减量化、资源化与无害化管理办法等政策、法规，把农业面源污染治理纳入法制，依法控制和减少农业面源污染。要进一步完善农产品的生产和安全质量标准、农作物基地环境质量标准和农业污染物排放标准，不断推进农产品标准化生产；细化不同条款对应的法律责任，推进农业绿色生产，制定农药毒性监测标准、

化肥登记生产公示制度、农用薄膜处理办法等，禁止高毒、高危、难降解物质投入农业生产，且对违反规范的人员进行行政处罚和拘留教育，通过明确农业面源污染行为的法律责任，严格处罚责任相关者，增强法律威慑力。同时，要积极实施 ISO14000 环境管理体系，加强农产品生产基地管理，加大农业面源污染整治力度，从源头开始，违法必究、严肃处理，加快农业的可持续发展和生态建设。

2. 建立农业面源污染"互联网＋"信息系统，提高市场激励型政策工具效能

农业面源污染市场激励型政策的有效实施对信息监测的要求较高，但目前我国农业面源污染的监测手段和技术发展滞后，缺乏对农村环境污染的精准监测，使得农业面源污染情况不明晰，严重影响了政策工具的作用。因此，我们必须学习国外先进的监测技术，研究开发适用于我国的监测技术，建立农业面源污染"互联网＋"信息系统、重大事故监测和预报警系统等，提高监测效率和规制准确性。

我们要逐步建立农业面源污染监测和评价体系，将治理主体的治理任务和反馈信息纳入其中，实行对化肥、农药等农资市场的信息化管理，建立统一的生产、销售、使用档案资料，对农业生产全过程进行精准监控；要将各主体农业面源污染治理任务的完成情况上报监测评价系统，由各基层组织负责提供事件通报、民意调查、地方政府测评报告和相关污染数据等，并进行信息公开，由中央政府和社会公众负责监督。充分且准确的信息可以使激励型政策工具的实施更具有针对性、提高政府激励政策的有效性，如政府可以根据农户负责的农地污染物的含量给予农户补贴或惩罚，也可以根据该平台上各主体任务的完成情况对相关主体给予一定的物质性奖励。

6.2 经济激励方面

1. 借鉴发达国家经验，创新性地实施农业面源污染治理的负向惩罚激励

相较而言，负向惩罚型激励工具是治理农业面源污染较为有效的规制手段。但在我国，政府主要通过农业面源污染防治技术和项目的推广与实施对农业面源污染进行控制，如推广测土配方技术和秸秆腐熟还田、堆沤发酵或过腹还田等综合利用技术，以及实施农业综合开发、巩固退耕还林成果等项目。从发达国家的实践经验来看，治理农业面源污染需要有效的奖惩和监督机制，发达国家多通过征收化肥税控制化肥投入。然而，长期以来，我国施行化肥等农用生产资料的增值税返还和一些免征优惠政策，在固定性和强制性效果方面远不及征收化肥税，客观上纵容了一些造成农业面源污染的行为，因此，负向经济激励作为较有效的方式实际上并未在我国付诸实施。

我国应加快探索、建立农业面源污染治理的负向惩罚机制，借鉴国外经验，采用化肥税的形式控制化肥投入，以及采取负向惩罚手段——押金—退款制度，约束农业面源废弃污染物的排放。如对可能引起农业面源污染的塑料包装、农药容器、废电池、生活物品等，要求农户购买时预先支付一笔额外费用，当农户将其送返回收中心时再把该笔额外费用退还给农户。押金—退款制度作为一种负向惩罚手段，能较好地约束农户废弃污染物的排放行为，有利于资源的循环利用，可以防止污染物进入环境。

2. 吸引民间资本投入污染治理，促进农业面源污染治理的多元投入

发达国家的环境治理投入占其 GDP 的 3% 左右，与之相比，我国各级

政府在治理农业面源污染的投入方面长期不足。在我国，政府的财政资金投入重点在城市和工业发展上，在农业环境保护方面的投资则少之又少；甚至一些偏远的农村地区连基本的环保设施都不齐全，导致长期以来其农业面源污染无法得到有效治理。农业面源污染治理财政资金不足的原因主要集中在三个方面：一是目前我国没有设立专门的农村环保基金；二是在治理农业面源污染过程中，我国对农业生产所需的基础设施财政支出较少；三是我国在农业面源污染治理直接相关项目方面的投资不足。

因此，我国应该有重点地加大对农村生态建设与农业面源污染治理项目的投入，采取政府环保补贴、金融扶持、项目试点等方式，加大农业面源污染治理资金的投入力度。政府应设立用于农村生态保护、农业面源污染治理项目的环保专项资金；此外，由于国家财政收入有限，国家应考虑吸引民间资本投入环保治理，还应积极开展国际合作引进外资，并对社会资本投入的环保项目给予政策支持。

6.3　公众参与方面

1. 增强公众参与意识，充分发挥公众参与型政策工具的作用

长期以来，公众参与型政策工具并未受到我国政府的重视。公众参与环保的法律、法规也不健全，使公众参与环保得不到应有的保障。而且民间或非政府的农村环保组织发展较慢，公众组织性较差，加上部分基层官员不作为，使得农户参与环境治理的渠道有限，农户参与程度不高，影响了治理的效果。

为了充分发挥社会公众在农业面源污染治理中的作用，我们应充分利用电视、电台、报刊、网络等大众媒体，多层次、多形式地向公众普及农业面源污染防治知识，增强公众的环保认知能力和环保参与意识，并建立有效的公众参与途径与平台。尤其是对农业面源污染的重点地区、相关重点人群，政府应开设农业面源污染治理课程，让公众充分了解到农业面源污染的危害和治理的方式、途径，激发公众参与农业面源污染治理的热情，使公众成为治理农业面源污染的中坚力量，逐渐实现我国农业面源污染的多元化共治。

2. 创建农业面源污染治理指导平台，提高公众参与治理的绩效

我国农村的社会经济发展相对落后，限制了社会公众和农户对污染防治知识的了解。一项调查数据显示，近20年来，接触过施肥训练的农村家庭仅占全部农村家庭的15%，甚至在一些偏远地区，对当地农业技术推广一无所知的家庭的比例达到了40%，有相当多的农户仅知道农药会产生污染和危害，但对不合理的化肥施用所带来的农作物品质和产量的降低情况了解甚少，也不太清楚化肥的过量施用会使肥料的整体经济效益降低，甚至还会产生严重污染。

因此，我们应该创建农业面源污染治理的指导平台。一方面，我们要通过平台组织农户参与农业面源污染的治理，开展村民论坛、举报投诉、村民会议等一系列农户环保参与活动，记录活动的组织管理情况并进行公示，允许农户留言反馈，增强信息的透明度，为社会公众提供足够的信息和参与途径。另一方面，我们要让农业技术工作人员通过平台与农户实时接触，在平台上开展多种类型的教育培训活动，向农户传授化肥、农药的使用方法，对农业生产的相关行为进行规范和引导。

生态福利绩效提升篇

第7章
绪　论

7.1　研究背景与意义

人类经济活动依赖对生态系统的资源、能源的消耗，然而生态系统为人类提供资源、能源时具有外部性的特点，人们无需为其生态消耗活动付出成本，这使得人们从事经济活动时往往忽略对环境造成的影响，从而导致严重的环境污染、资源紧缺等生态问题，并制约了地区经济发展和社会福利提升，成为我国可持续发展的桎梏。2012 年 6 月的"里约 + 20 峰会"提出了绿色经济的理念，提出应采用包含自然资本边界和具有生态公平意义的社会福利两方面内涵的综合性指标来衡量经济体的发达程度。现有的社会福利指标并没有考虑生态环境对人类福祉的影响，而生态福利绩效则恰好可以弥补这一缺陷。生态福利绩效作为福利价值量和生态消耗实物量的比值[67]，包含经济发展和生态环境两方面的信息，反映了单位资源投入所带来的福利提高程度[68]，可衡量经济发展的质量和相对健康情况[69]，符合可持续发展的理念。

随着中国经济的发展以及向生态承载力边界的不断逼近，人们的发展观逐渐由"求发展"转变为"求生态"，关注重心也由经济福利转向生态福利，十九大报告前所未有地提出"坚持人与自然的和谐共生，像对待生命一样对待生态环境"。为践行绿色发展观，近年来我国先后发布了《中华人民共和国环境保护法》《环境影响评价公众参与办法》等多部法律、法规，着力构建严格的环境监管体系，并加强引导社会公众广泛参与环境保护，着力推动经济发展模式由注重数量增长向重视质量改善转型，以提高生态福利绩效水平。

面临生态资源边界的约束越来越大的压力，转变经济发展的模式迫在眉睫。生态福利绩效以其能够度量经济发展所付出的生态代价的特点，使对其的研究具有重要的现实意义，对生态福利绩效的关注与重视有助于人们全面、合理地评价区域发展状况。在当前中国实施生态文明建设与经济高质量发展的战略背景下，准确测度生态福利绩效的水平将有利于辨别各地区的经济发展质量、正确评价各地区的经济发展状况，并为制定区域发展战略提供依据。探究政府环境监管、公众环保参与等因素对生态福利绩效的影响与作用，了解政府监管、公众环保参与对生态福利绩效的影响方式，也有助于检验政府环境监管的有效性，为政府环境规制政策的制定提供依据。

7.2 国内外研究综述

已有文献对生态福利绩效的相关研究，集中于生态福利绩效的内涵、测度方法及其影响因素三个方面。

7.2.1 生态福利绩效的内涵

生态环境作为人类赖以生存的物质和空间基础，直接或间接地影响着人类的福祉。随着经济发展带来了日益严重的环境污染问题，经济发展与生态环境两者之间的关系开始引起学者的广泛关注。国外学者 Daly 用单位生态消耗的福利产出效率来衡量二者之间的关系[70]，并以福利水平（人类最终从生态系统中获得的效用或者福利）与自然消耗（人类从生态系统中获取的低熵能源、物质与人类向生态系统排放的高熵废物总和）的比值表示，但他并没有提出一个在实践中可以量化的指标。随后，国外学者Common填补了这一空白，通过人类满足程度（福利水平）与环境投入的比值来测算单位自然消耗所带来的福利[71]。2008年我国学者诸大建提出用生态福利绩效来衡量经济发展与生态环境之间的关系，并将其定义为自然消耗转化为福利水平的效率，用来衡量国家或地区的可持续发展能力[67]。这一概念得到了学术界的广泛认可，并在后续研究中被不断丰富和完善。张军认为生态福利绩效符合人与自然、社会和谐的观念，是社会福利内涵的外延[72]；何林指出，生态福利绩效能够体现社会福利和生态消耗的相对变化，是综合社会和生态因素的经济增长指标[73]；臧漫丹等细化了生态福利绩效的定义，认为其是福利价值量和生态资源消耗实物量的比值，能够反映单位资源投入所带来的福利提升程度[68]。冯吉芳将生态福利绩效的含义进一步引申，提出生态福利绩效指单位生态资源消耗量带来的福利价值量的提升效率，因而可以衡量经济增长的质量[69]。

7.2.2　生态福利绩效的测度方法

基于生态福利的定义与内涵，国内外学者对生态福利进行了测度。其测度方法有以下三种：

第一种是自建函数法，这种方法主要是根据学者的研究内容，构建相应函数，对生态福利绩效进行测度。国外学者Dietz通过构造随机前沿生态函数的方法测算生态福利绩效[74]；Knight以生活满意和生态足迹的方程回归结果中的非标准化的残差项作为各国的生态福利绩效[75]；刘应元则通过选取十五个具体指标，建立了以感知主体为基础的生态福利绩效测算模型[76]。

第二种是比值法，这一类方法根据生态福利绩效的定义，采用人类发展指数（或其他福利指标）与生态足迹（或其他生态消耗指标）的比值来测算生态福利绩效。国外学者 Yew 采用这种方法，用人类平均幸福指数和预期寿命指数的乘积作为分子，以人均生态足迹作为分母，测度了对环境负责任的幸福国家指数[77]；臧漫丹在以二十国集团为样本的研究中，采用人出生时预期寿命与人均生态足迹的比值表示各国的生态福利绩效水平[68]；诸大建则用生态足迹作为分母，以人类发展指数作为分子来测度生态福利绩效。

第三种，采用数据包络法计算生态福利绩效。龙亮军用超效率 DEA 模型测度了上海市的生态福利绩效[78]；肖黎明、吉荟茹基于绿色技术创新视角，构建生态福利绩效指标体系，通过 SBM – DEA 超效率模型对生态福利绩效进行了测度[79]。郭炳南、卜亚采用基于松弛变量的 SBM 超效率模型，测算了长江经济带 110 个地级及以上城市的生态福利绩效[80]。

以上三种方法在测度生态福利绩效时，都需要考虑福利指标和生态消耗指标的选取。已有研究中所使用的福利指标主要包括主观福利和客观福利。主观福利是指人们对生活质量所做的情感性和认知性的整体评价，主观福利一般通过问卷调查的方式采集相关数据，并被用以直接反映被调查人群的真实福利。Knight 和 Rosa 在其研究中就采用了主观福利指标衡量国家福利水平，并以盖洛普世界民意调查中微观个体的"生活满意度"的平均值来衡量主观福利[81]。但由于被调查人群容易受"社会比较"和享乐主义的影响，使得主观福利指标测量数据容易出现偏差[82]。测度客观福利水平的指标包括人出生时的预期寿命和人类发展指数。其中，出生时预期寿命[83]可能受到遗传、生活水平、医疗水平和教育水平等多种因素的影响，臧漫丹用其来表征人类福利水平。人类发展指数是被联合国开发计划署用以衡量联合国各成员国经济社会发展水平的指标，从卫生和医疗状况、受教育水平以及过上体面生活的能力这三个方面综合反映了地区的福利水平[84]，包含经济福利和非经济福利。相较于传统福利指标，人类发展指数更加全面、综合，得到联合国开发计划署的推广，更具权威性和可比性，也被各国学者和政府所接受。学者杜慧彬[85]、张映芹[86]在他们的相关研究中均选用了人类发展指数来表征人类福利水平。

对于生态消耗指标，现有研究主要采用三类。第一类，是直接从"全球生态足迹网络"中获取生态足迹数值。因该网络提供的数值为国家层面数据，学者针对国家样本的研究中多采用这种方法来衡量生态消耗水平。我国学者诸大建[87]认为生态足迹包含了生态系统为人类提供的低熵物质和自然界吸收的人类活动产生的高熵废物，全面衡量了生态投入量，更适合表征生态消耗水平。臧漫丹、付伟[88]、刘国平[89]等学者在研究中均以生态足迹来表征生态消耗水平。第二类，是通过测算生态足迹来衡量生态消耗水平。由于我国并没有省级层面的生态足迹统计数据，因此，学者更多采取的方法是将人类自身消费的能源和产生的废物转换成相应的生物生产性面积，以此来计算生态足迹。蒋绵峰和叶春明[90]运用这种方法测算了上海市的生态足迹；杨庆礼、魏湖滨[91]采用该方法，将人们生活生产所耗费的资源与产生的废弃物折合成相关承载土地面积，测算了南京市的生态足迹。何林[73]则选取为人类提供农产品、动物产品、林业产品、水产品等资源的生物生产面积，以及提供物质资源的化石燃料用地和建设用地面积，测算陕西省的生态足迹。第三类，是构建生态资源消耗指数测度生态消耗水平。诸大建在《2016中国城市可持续发展报告》中通过城市水资源消耗、土地资源消耗和能源消耗三个分项指标对城市资源消耗水平进行测算，通过水污染物排放、空气污染物排放和固体废物排放三个分项指标对地区污染排放水平进行测算，并以二者的几何平均数表示城市生态消耗水平，这种方法也被郭炳南[80]、杜慧宾[85]、徐昱东[92]在他们的相关研究中所采用。

7.2.3 生态福利绩效的影响因素

面对不同地区生态福利绩效水平存在的差异，其影响因素也吸引了学者的广泛关注。诸大建、张帅运用对数平均迪氏分解法对中国福利水平的影响因素进行分析后发现，自然消耗因素促进了中国福利水平的提升，服务效率因素抑制了中国福利水平的提升，而生产效率因素的影响不显著[87]。冯吉芳，袁健红采用同样的方法分析生态福利绩效的影响因素，发现技术效应促进了我国生态福利绩效的提升，服务效应抑制了我国生态福利绩效的提升[93]。其他学者也用计量回归方法，对各种可能的影响因素进行了广泛的实证研究。Knight 的研究指出气候、环境政策、社会经济发展状况是影响生态福利绩效的重要因素[94]；龙亮军研究发现，经济贡献率上升、产业结构调整抑制了上海市生态福利绩效的提升，城市绿化增加、人口密度减小促进了上海市生态福利绩效提升，而经济外向性、技术进步则对上海市的生态福利绩效没有显著影响[95-96]；肖黎明、吉荟茹对我国 30 个省市生态福利绩效的时空演变进行实证分析后发现，绿色技术创新效率、贸易效应与生态福利绩效呈显著正相关关系，消费效应对生态福利绩效呈现负向影响但不显著，而规制效应未能通过显著性检验[79]；刘国平在其研究中发现，能源强度、能源消费结构、文化程度、政府规模也是影响生态福利绩效的重要因素[89]；郭炳南则实证分析了经济规模、产业结构、对外开放水平、人口密度和城市绿化水平对长江经济带生态福利绩效的影响[80]。此外，已有研究中，被纳为影响因素的指标还包括不平等[97]、人力资本[98]、公民权与获得基本资源的机会[99]、产业结构绿色调整[100]等。

对相关文献进行梳理后我们发现，国家层面和城市层面的研究更吸引学者的注意；研究方法上，实证分析是当前学者对生态福利绩效研究所采用的主要方法，相较而言，采用数理方法进行的相关探究明显不足。学者在探讨地区间生态福利绩效的差异并寻求提升途径时，往往忽略了我国环境监管体系的作用，缺乏对政府和社会公众力量在环境治理方面的作用的深入探讨。显然，只有结合我国环境治理实际，充分考虑社会各界在环境保护方面的作用，我们才能对生态文明建设提出切实可行、有针对性的政策建议。

7.3 研究思路、方法和主要工作

7.3.1 研究思路

首先，在梳理相关概念内涵及理论的基础上，本书对我国当前生态环境监管体系中政府环境监管、公众环保参与现状进行总结分析，为进一步的研究奠定基础。其次，本书运用微分博弈方法，考虑企业生产过程中生态福利绩效水平的动态变化对相关利益方的影响，针对政府监管、公众参与对生态福利绩效的影响进行理论分析。再次，本书在理论分析的基础上，选取我国 30 个省份的面板数据，测度省级层面的人类发展指数、生态消耗水平和生态福利绩效，进一步了解我国各省份的生态福利绩效水平，并构建包含政府监管、公众参与等影响因素的计量模型，对数理分析结论进行实证检验。最后，本书根据理论与实证分析结果，对我国生态福利绩效的提升提出相应的政策建议。

7.3.2 研究方法

本书主要采用的研究方法有文献研究法、博弈模型法及实证研究法。

1. 文献研究法

本书通过对已有文献研究成果及相关资料的归纳和梳理，了解生态福利绩效的基本概念以及相关理论，对生态福利绩效的测度方法、经济影响因素等相关研究进行提炼和总结，为下一步研究提供基本的理论支撑。

2. 博弈模型法

本书在已有研究基础上，考虑到生态福利绩效的动态变化对相关利益方策略的影响，构建企业和政府的微分博弈模型，探究政府监管和公众参与对生态福利绩效的提升作用。

3. 实证研究法

本书构建包含政府监管和公众参与等多方面影响因素的面板计量模型，采用我国各省份的相关数据，对数理模型的结论进行计量检验，进一步实证分析政府监管、公众参与等相关因素对生态福利绩效的影响。

7.3.3 主要工作

（1）现有研究成果多以国家层面和城市层面的生态福利绩效为研究样本，对我国省级层面的研究较少，本书采集我国 30 个省份的相关数据，对我国省级层面的生态福利绩效进行了测度，为客观认识各地区的生态福利绩效水平提供科学依据。

（2）国内外学者结合生态福利所涉利益主体的博弈分析展开的研究较少，为此，考虑到生态福利绩效的动态变化过程对相关利益方的影响，本书构建微分博弈模型，分析了政府、企业的行为选择对生态福利绩效的影响，使研究更加贴近现实。

（3）本书对生态福利绩效的影响因素进行计量分析，特别关注了我国环境监管体系中政府监管、公众参与对生态福利绩效的作用，并对两者对生态福利绩效的影响进行了实际验证，从而为地方政府制定相关环境法规与政策提供依据。

第 8 章
相关概念与理论基础

8.1 相关概念界定

8.1.1 环境公共物品

公共物品是指所有人都可以获得它所带来的好处，同时某人对它的消费并不会影响他人继续消费的物品。公共物品具有非竞争性和非排他性，即消费人数的增加带来的产品边际成本为零，且不排斥他人消费。当某种环境资源的消费既具有非竞争性又具有非排他性时，它就是环境公共物品。

根据不同的维度，我们可对环境公共物品进行分类。根据环境公共物品的空间范围，可以将公共物品划分为全球性环境公共物品、区域性环境公共物品和地方性环境公共物品。全球性环境公共物品是指人类社会共享的环境资源，比如大气和气候。区域性环境公共物品是指仅某一区域内的人拥有的环境资源，比如河流和热带雨林。地方性环境公共物品是指特定的城市或乡村拥有的、影响该地区经济福利的环境资源，如公园和草坪。根据环境公共物品的性质，我们可以将其划分为环境公益品和环境公害品。环境公益品是指能够给消费者带来福利的环境资源，而环境公害品是指会减少厂商的利润或者降低消费者的效用水平的环境资源。环境公共物品会衍生出"公地悲剧""搭便车"和供求失衡问题，而这些问题都会导致地区环境受到破坏，所以我们需要建立有效的机制对环境公共物品进行保护。

8.1.2 人类发展指数

人类发展指数（HDI）是由联合国开发计划署（UNDP）提出的，被用来衡量联合国各成员国经济社会发展水平的指标，它是对传统的 GDP 指标的挑战。人类发展指数将人视为一个国家真正的财富，从居民健康长寿、获取知识水平和高品质的生活水准三个维度衡量一个国家或地区的平均发展状况。从其构成来看，人类发展指数关注的对象是人的生活质量和福利水平的提升，衡量的是人类生活的丰富程度，经济进步只是其中的一部分，这符合人类发展的目标，即让人人都能过上健康长寿、有创造力的生活。联合国将人类发展指数划分为 4 个等级，大于 0.8 为极高人类发展指数，0.7 至 0.8 为高人类发展指数，0.55 至 0.7 为中人类发展指数，0.55 以下为低人类发展指数。

8.1.3 生态福利绩效

生态福利绩效是指社会福利的价值量和生态消耗的实物量比值，它反映了地区单位生态投入所带来的社会福利提升程度。生态福利绩效以人类发展作为最终目标，反映福利与生态投入的相对变化趋势以及社会福利提高与生态资源消耗的脱钩程度。由于携带了经济、社会、生态方面的综合性信息，生态福利绩效也可反映涵盖了社会和生态因素的绿色经济增长质量与经济增长的健康程度。生态福利绩效所涉及的几类指标具备可得性、可比性和动态性的特点，既可以通过总量数据描述相关指标的规模和水平，又可以通过效率类指标表明经济发展的质量和相对健康程度。

8.2 理论基础

8.2.1 外部性理论

外部性理论由著名经济学家马歇尔在 1910 年提出，并由英国经济学家庇古进行了补充和完善。外部性是指实际经济活动中，生产者或消费者的活动对第三方产生的超越活动主体范围的影响，是一种成本或者收益的外溢现象。外部性产生的影响独立于市场机制，不属于买卖关系范畴，仅指那些不需要支付的收益或损害，是伴随生产或消费产生的某种副作用，具有一定的强制性，其影响无法避免且难以完全消除。

外部性在现实生活中十分普遍，我们可以从不同角度对其进行分类。根据外部性的产生主体不同，我们可将外部性分为生产外部性和消费外部性。生产外部性是企业在生产过程中对他人产生的外部影响，消费外部性是指消费者在消费过程中对他人产生的外部影响。根据外部性的影响结果不同，我们可将外部性分为正外部性和负外部性。若生产者或消费者的行为给他人造成了有益的影响，则称其为正外部性，给他人造成了不利的影响，则称其为负外部性。在现实生活中，负外部性较正外部性更为常见，我们所面临的环境污染和生态破坏就是负外部性导致的必然结果。

环境外部性理论是环境经济学的重要理论基础。存在环境外部不经济性时，我们需要将其内部化，主要途径包括：直接管制、损失赔偿、政府税收。直接管制在发达国家和发展中国家都是占据主导地位的环境管理手段，政府通过制定污染物排放标准或限定污染物排放配额等环境法规直接限制环境外部性，直接管制具有义务性和强制性，产生环境外部性的生产者对他人所受的损害负法律责任。损失赔偿是通过经济途径补救和校正外部不经济的方法，由受影响者提出诉讼，环境保护部门按照相关法律规定确定具体赔偿数额。政府税收是解决环境外部性的主要对策，通过对产生环境外部性的企业排污行为征收适量的税金，抑制环境负外部性。环境税一方面可将边际外部成本内部化从而降低企业生态消耗，另一方面可通过转移支付对环境福利的损失进行补偿。

8.2.2　生态经济效益理论

人们在发展经济的过程中，既产生经济效益又产生生态效益，经济效益是指人们从事经济活动获得的劳动成果与劳动消耗的比较，生态效益则是指人的活动对环境产生的影响及其引发的环境质量变化。一般来说，经济效益的受益者是从事经济活动的具体行为人，而环境效益的受益者则是区域内的所有人，因此经济活动的行为人往往会重视经济效益而忽视生态效益，从而导致了对生态环境的污染与破坏。

生态经济效益理论是生态经济学的基本理论，其核心观点是人类经济发展的目的是实现生态经济效益。所谓生态经济效益，是指生态经济系统运行过程中产生的生态经济成果与人类劳动投入的对比关系。在社会生产和再生产过程中，人们付出一定的劳动将会产生一定量的可增进人类效用的经济成果。在这种引起人与自然之间的物质变换的过程中，人类按照生态规律的内在要求，诱导生态系统的生态平衡产生变化，也给人类的生活和生产环境带来生态成果。生态经济效益应从生态经济成果和人类劳动投入两方面来衡量，其基本准则是：当取得同样多的生态经济成果时，所投入的人类劳动越少，则生态经济效益越大；当投入同样多的人类劳动时，所取得的生态经济成果越多，则生态经济效益越大。

根据生态经济效益理论，人类的经济活动不能单纯追求环境或经济效益，而应该追求生态经济效益的最大化。人类的一切社会活动，归根到底都是依靠科学技术和劳动向大自然索取财富，那么人类所依赖的各种资源，特别是自然资源能否实现取之不尽、用之不竭，并保持良性循环、永续利用，是关系到人类生存和经济长期发展的根本性问题。因此，在生产生活中，我们要用生态经济效益理论指导现实经济发展，加强生态经济管理。

8.2.3 可持续发展理论

可持续发展，是指经济发展既能满足当代人的需要，又不会对后代满足其需要的能力构成危害，最终目的是达到共同、协调、公平、高效、多维的发展。可持续发展涉及可持续经济、可持续生态和可持续社会三方面的协调统一，要求人类在发展中讲究经济效率、关注生态和谐和追求社会公平，最终实现人的全面发展。这表明，可持续发展虽然缘起于环境保护，但作为一个指导人类走向 21 世纪的发展理论，它已经超越了单纯的环境保护。它将环境问题与发展问题有机地结合起来，已经成为一个有关社会经济发展的全面性战略。

可持续发展的定义包含两个基本要素或两个关键组成部分："需要"和对需要的"限制"。满足需要，先要满足贫困人民的基本需要。对需要的限制主要是指对未来环境需要的能力构成危害的限制，这种能力一旦被突破，必将危及支持地球生命生存的自然系统中的大气、水体、土壤和生物。决定两个基本要素的关键性因素是：合理的收入再分配能保证人类不会为了短期生存需要而被迫耗尽自然资源，降低人们遭受自然灾害或农产品价格暴跌等损害时的脆弱性；提供人类可持续生存的基本条件，如卫生、教育、水和新鲜空气，保护和满足社会最脆弱人群的基本需要，为全体人民特别是为贫困群体提供平等的发展机会和自由选择。

　　具体来看，可持续发展所鼓励的经济增长，不仅要追求经济增长的数量，更要重视经济增长的质量；为了实现可持续发展，我们必须保证一定的经济增长速度，但也要保证经济发展的质量。可持续发展强调经济和社会发展不能超过环境和资源的承载能力，强调在地球的承载能力内，从根本上解决环境问题。可持续发展谋求的是社会的全面进步，经济发展是基础，保护生态环境是条件，社会进步是目的。可持续发展的最终目标是实现以人为本的"生态环境—经济—社会"复合系统的持续、稳定、健康发展。

第 9 章
我国生态环境的政府
监管、公众参与现状
分析

9.1 环境监管体系发展历程与监管现状

改革开放以来，随着我国经济长期高速增长，我国生态环境质量也在不断地恶化。为此，我国政府提出了生态文明发展战略，并逐步建立了生态环境监管体系，以避免环境负外部性导致的市场失灵。政府环境监管作为对环境负外部性的强制性规制手段，对于缓解生态环境与经济发展之间的紧张关系、提高生态福利绩效水平起着至关重要的作用。

9.1.1 环境监管体系发展历程

随着环境质量的恶化，改善环境质量、重现"绿水青山"成为全社会的共同期盼。为实现"建设美丽中国"的目标，我国生态环境监管体系也从无到有在不断探索中完善，其发展主要经历了以下四个阶段。

1978—1992 年，环境监管法制体系初步建立阶段。1979 年《中华人民共和国环境保护法（试行)》颁布，标志着中国环境保护开始步入法制化轨道。1983 年第二次全国环境保护会议上，我国政府将环境保护确定为中国的一项基本国策，摒弃了"先污染，后治理"的发展模式。1989 年，第三次全国环境保护会议提出了环境保护的三大政策和八项管理制度，国家于同年对《中华人民共和国环境保护法》进行修订。这一阶段内我国颁布了《中华人民共和国水污染防治法》《中华人民共和国大气污染防治法》《中华人民共和国固体废物污染环境防治法》等法律、法规，初步构筑了我国政府环境监管的法制体系。

1993—2001 年，规模化治理阶段。这一时期是我国从计划经济向市场经济转型的阶段，各地区经济建设的热情空前高涨。盲目追求 GDP 的增长而缺乏环境目标约束，导致环境污染与生态恶化日趋严峻。在此背景下，环保部门启动了"三河三湖一市一海"治理行动，拉开了规模化治理的序幕。这一阶段内，我国政府陆续颁布或修订了《中华人民共和国行政处罚法》《环境保护行政处罚办法》《中华人民共和国环境影响评价法》《建设项目环境保护管理条例》等法律、法规，为环境污染规模化治理的开展提供了坚实的法律保障，并出台了一系列环境保护相关政策。

2002—2012 年，环境监察执法体系全面建设阶段。这一阶段我国提出全面建设小康社会的国家发展战略，并将"提高可持续发展能力"作为主要目标之一，环境约束成为实现经济可持续发展需要重点考虑的因素。2005 年《国务院关于落实科学发展观加强环境保护的决定》明确要求，建立国家监察、地方监管、单位负责的环境监察体制。2006 年开始，我国先后发布了《环境监察执法手册》《关于规范行使环境监察执法自由裁量权的指导意见》等一系列法规，推动了执法的规范化与标准化，促进了环境监察执法体系的全面建设。

2013 年至今，全面深度治污阶段。十八大报告将生态文明建设纳入中国特色社会主义事业的总布局，治理环境污染的力度空前加大，我国进入全面深度治污阶段。十二届全国人大常委会第八次会议表决通过了《环保法修订案》，并于 2015 年 1 月 1 日起施行，该法被称为"史上最严厉"环境保护法，明确规定将"未完成国家确定的环境质量目标"作为区域环评限批的依据之一。十八届五中全会明确提出以提高环境质量为核心，实行最严格的环境保护制度，形成政府、企业、公众共治的环境治理体系。

9.1.2　政府环境监管现状

随着雾霾天、垃圾山等严重生态环境问题涌现，我国不断升级对生态环境破坏的规制力度，2007 年到 2017 年，我国环境保护方面的法律、法规由 52 个增加到了 787 个，环境监管力度不断加大，并取得了显著成效，但仍然存在以下问题：

第一，政府监管建设投入不足。在我国政府环境执法监管过程中，存在地方政府执法任务最重，但是执法能力却最弱的现象。首先，地方政府的环境监管经费不足。环境监管经费的缺乏使得地方政府无法及时对环境监测设备进行维护、更新与升级，导致地方政府面临生态环境信息监测滞后、信息不对称和信息孤岛等问题，无法及时发现企业超排等环境违法行为，一定程度上限制了政府环境监管的执行能力。其次，环境监管队伍建设不足，专业人员严重缺乏。监管人员过少与监管力量不足制约了政府的环境监管能力提升，使政府无法实现对企业污染减排的有效监管，降低了政府环境监管的效率。部分地区采用雇佣外聘人员的方法解决这一困境，但是由于外聘人员专业能力低下、监管责任心不强甚至滥用权利，企业"寻租"问题频现，削弱了地方政府的环境监管效能。

第二，地方政府官员不作为现象严重。首先，中央政府和地方政府对于生态环境的开发利用目标存在巨大差异，使得地方官员对中央政府制定的环保法规执法意愿不强，甚至为追求 GDP 增长和个人晋升对企业污染行为视而不见，导致地方官员违法、违规批准严重污染环境的建设项目、对应该关闭的污染企业放任自流等。其次，部分地方政府在环境监管过程中采用的执行标准过低。一些地方官员对环境监管的重视程度不高，往往采用宽松的环境标准，削弱了政府环境监管的效果。最后，地方环保部门乱作为、"环保一刀切"现象严重。随着环保治理高压态势的到来，环保部门从原来的"弱势部门"成为"强势部门"，地方政府官员机械式、运动式执法现象严重，为了应对上级部门的环保督查，采取"一律关停""先停再说"的方法敷衍应对，导致一些无辜企业遭受牵连。

第三，政府环境监管体制破碎。环境监管过程中，地方政府部门根据职能分工原则将监管权力划分给不同的职能部门，导致分工过细、部门之间权责不清。过度细化的分工使得政府部门出现多头监管、职能交叉、权限模糊的情况，环境监管"机构裂化"，部门与部门推卸责任的现象层出不穷。对于有利可图的项目，各部门争相抢夺；对无利可图的项目，各部门则推卸、逃避责任。生态环境监管力量的分散化，实质上削弱了地方政府综合监管能力，降低了生态环境监管效能。

9.2　公众环保参与现状

随着我国生态环境的不断恶化，社会公众的环保意识逐渐增强，社会公众逐渐成为我国环境保护的重要参与力量。在日常生活中，社会公众受环境污染的影响更为直接和严重，也更能发现和反映身边的生态环境问题。公众通过监督政府环境监管责任的履行情况，迫使政府作为"代言人"，一定程度上缓解了政府环境监管的失灵状况。

9.2.1　公众环保参与政策

最初，我国居民认为环境作为一种公共物品，只能接受政府的管理和保护，环境保护是政府应该承担的责任，而非公民享有的权利。20 世纪 90 年代初，《中国 21 世纪议程：中国 21 世纪人口、环境与发展白皮书》强调了社会公众和团体对于可持续发展的重要作用，并指出社会公众和团体需要参与到有关环境与发展的决策过程中，特别是参与那些可能影响居民生活和工作的社区决策，同时也需要参与对决策执行情况的监督，这是我国公众环保参与机制形成的起步阶段。1997 年，十五大报告提出"逐步形成深入了解民情、充分反映民意、广泛集中民智的决策机制，推进决策的科学化和民主化，提高决策水平和工作效率""让群众参与讨论和决定基层公众事务和公益事业"，为环境保护公众参与制度的建立奠定了基础。党的十六大报告和十七大报告，把公众参与作为政治体制改革的重要举措。2012 年，党的十八大报告，将生态文明建设纳入"五位一体"的总体布局，并要求以扩大有效参与、推进信息公开、加强议事协商、强化权力监督为重点，保障人民享有更多更切实的民主权利。党的十九大报告提出，要保障广大人民群众的知情权、参与权、表达权和监督权，构建政府为主导、企业为主体、社会组织和公众共同参与的环境治理体系。

在法律制度建设方面，1989 年《中华人民共和国环境保护法》指出"一切单位和个人都有保护环境的义务"，但并没有明确规定公众参与环境保护的形式和途径。2014 年第十二届全国人大常委会通过了《中华人民共和国环境保护法》修订案，修订案确定了单位和个人保护环境的义务，并设立了"信息公开和公众参与"的章节。2015 年 7 月，环境保护部发布《环境保护公众参与办法》，确定了公众参与环境保护的原则：依法、有序、自愿、便利；列举了公众参与的具体方式，包括征求意见、问卷调查、座谈会、听证会等。该办法虽然推动和规范了公众参与环境保护工作的开展，但在可操作性和参与方式的创新方面有待进一步加强。随后我国又推出了《环境影响评价公众参与办法》《规划环境影响评价条例》《建设项目环境保护管理条例》等，为公众参与环境保护的实施和推行提供了法律和政策支持。

9.2.2　公众环保参与

随着环境保护公众参与制度的逐步完善，我国公众参与环境保护程度得到大幅度提升。

（1）公众环保参与方式和途径不断增加。现有的环境保护公众参与渠道主要包括人大会议、政协会议、信访和网络、电话投诉等，其中人大会议和政协会议是社会公众通过选举代表来向政府表达民意、民愿的间接参与渠道，而其他则是社会公众参与环境保护的直接渠道。图 9 - 1 显示了 2007—2017 年我国政府承办的环境保护方面的人大建议数量和政协提案数量的变化。其中，承办的人大建议和政协提案数量总体呈上升趋势，承办的人大建议数由 2007 年的 4858 件上升到 2017 年的 7854 件，上升幅度为61.62%；承办的政协提案数由 2007 年的 6479 件上升到 2017 年的 9654件，上升幅度为 48.99%。这表明，我国公众环保间接参与度不断提高，社会公众参与环境保护的意识不断增强。

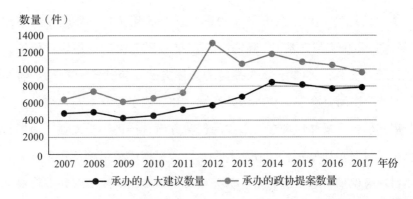

图 9 – 1　2007—2017 年我国政府承办的环境保护人大建议数量和政协提案数量

图 9 – 2 显示了我国环境保护方面电话投诉、信访和公众来访的变化，其中信访和来访数量均呈上升趋势，而电话和网络投诉数量呈现"倒 U 型"趋势，甚至总量上不断降低；这可能是由于通信软件的发展，使得公众更多地选择去网上披露某些环境污染案件，通过大范围地舆论讨论来促使政府解决环境污染问题，从而影响了电话或网络投诉数量。此外，来信数量远高于公众来访数量，这可能是因为相较于公众去政府部门投诉，信访方式更加方便且无需付出太多时间成本与交通成本，故信访更容易被公众选择为环保参与的主要途径。

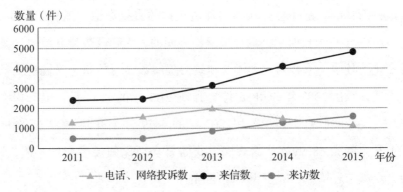

图 9 – 2　2011—2015 年我国环境保护电话投诉、信访和公众来访数量

（2）公众缺乏参与环保活动的积极性。当前，我国公众参与环保的主要形式仍然是在政府倡导下参与，公众主动参与较少。在政府倡导下进行的环保参与，公众较少有自己的独立立场，而真正有效的公众参与的主要目的是实现公众对政府的监督。社会公众缺乏应具备的环保知识和科学素养。公众对环境质量、环境信息、环境评价、环境公共决策等缺乏科学的认识和理解，无法进行独立、理性的思考和判断；公众也不了解环保公众参与制度，不了解应如何行使自己的环保参与权与监督权，因而缺乏参与环保的积极性。

（3）公众参与环保决策的程度低。社会公众参与我国环保决策过程的方式多为间接、滞后的参与方式，一般是在决策基本完成后提出意见和建议，或者通过填调查问卷、写书面意见和建议等方式间接向相关部门表达看法，并非直接参与决策过程，使得我国公众环保参与的程度相对较低。公众参与环保决策的结果缺乏公开透明性。社会公众无法得知自己参与环保决策的意见是否被采纳，无法得知自身参与行为是否有效，一定程度上遏制了社会公众参与环保的积极性。此外，我国环保决策过程通常以权威的决策者为中心，由决策者决定是否采纳公众的偏好和意见，公众参与环保决策的程度相对较低，令公众参与的效果大打折扣。

第 10 章
政府监管、公众参与对
生态福利绩效影响的微
分博弈分析

考虑到地区生态福利绩效呈现动态变化，且企业往往根据政府的规制强度调节产量与自身行为，本章构造斯坦克伯格微分博弈模型，分析政府监管、公众参与对生态福利绩效的影响及其成本效应与技术效应的变化。

10.1 政府监管与公众参与的环境效应

生态福利绩效可衡量单位生态投入产生的福利价值量，反映了一地的经济发展质量。政府监管、公众参与作为我国环境监管体系中的两大重要力量[101-102]，通过成本效应与技术效应对社会福利水平和生态投入水平产生潜在的影响，进而影响了生态福利绩效的变化。

政府监管、公众参与通过成本效应影响地区生态福利绩效[103-104]。随着政府监管和公众参与程度的提高，企业超额生态消耗行为被发现和惩罚的概率增大，企业作为经济人，为了实现自身利益最大化，会提高履行环境责任的力度，使污染减排与治理达到地区环境规制标准，增加环境治理中的资本与人力投入，使部分环境成本内部化并导致边际生产成本的提高。根据利润最大化原则，边际生产成本的提高将使企业降低产出水平，进而抑制了地区经济发展和社会福利提高。可见，政府监管、公众参与可通过"成本效应"对地区生态福利绩效水平产生作用。

政府监管、公众参与也通过技术效应对地区生态福利绩效产生影响[105-106]。在政府监管和公众参与程度不断提高的情况下，长期来看，企业必然会采取措施降低生态消耗水平，为此不得不提高技术创新投入，向绿色生产转型，实现生产模式由"高消耗、低产出"到"低消耗、高产出"的转变，以此维持甚至获得更多利润。在这一过程中，政府监管、公众参与也通过技术效应促进了绿色技术的创新与经济发展，进而对生态福利绩效提升产生促进作用。

可见，政府监管、公众参与主要通过成本效应与技术效应影响地区生态消耗水平与地区经济发展水平，进而影响地区生态福利绩效。其对生态福利绩效的最终作用取决于成本效应与技术效应两种效应的净合力。

10.2　问题描述与基本假设

10.2.1　问题描述

企业既是一个地区人类福利的产生者，又是该地区生态环境恶化的推动者。在生产过程中，企业不仅消耗大量生态资源，还向环境中排放大量污染物。由于生态环境是一种公共资源，具有外部性的特点，在没有受到外部约束的情况下，作为理性人的企业会忽视环境成本，尽可能多地进行生态消耗，迫使社会公众承担了企业生产导致的环境外部成本。为了矫正价格机制在解决环境负外部性上的市场失灵，政府必须用监管这只"看得见的手"来避免市场机制的失灵。

地方政府部门是社会管理主体，企业的超额生态消耗行为会影响中央政府对地方政府的生态绩效考核，因此地方政府会监管企业对环境责任的履行，抑制企业过度的生态消耗行为。为防止企业因追求自身利益而导致生态环境的恶化，政府会向企业征收排污费；此外，当发现企业存在超排行为时，政府还将对企业处以经济惩罚，企业则向政府交纳非法排污罚款。

受政府环境监管成本过高的影响，政府也会积极引导社会公众广泛参与环境保护。公众作为一个地区的重要主体，既是地区福利的享有者，又是生态污染的受害者。企业生产中所产生的生态资源消耗和环境污染都直接影响着地区生态环境，而生态环境作为社会公众的生活基础，直接影响着社会公众的健康和享有的消费者福利，因此社会公众在政府的引导下有动机对企业生态消耗行为给予关注和监督。公众对企业生态消耗行为的负面评价会影响企业声誉，从而对企业产品口碑、销量产生消极影响。此外，公众也会对政府环境监管责任的履行情况进行监督，并对政府监管行为给予认可或否定，相关舆论也会影响地方政府的声望。

10.2.2 基本假设

根据利益相关者和微分博弈理论，结合我国实际情况，我们做出以下基本假设：

假设 1 企业生产带来的经济效益代表当地的经济发展水平，地区人口的福利获得情况可以由企业经济效益来表示。受产品边际需求递减和边际成本递增影响，经济福利转化系数逐渐减小，环境福利转化系数逐渐增大。

假设 2 地方政府对企业所征收的排污费、罚金全部用于环境污染治理和公共补偿，不会作为自己的额外收入。

假设 3　政府声誉收益与政府监管力度和公众参与程度相关。

假设 4　企业生产成本、治污成本、政府监管、公众参与成本符合边际成本递增规律，因而设定为凹函数。

假设 5　政府和企业在任何时刻都具有相同的贴现因子，目标均是在无限区间内寻求自身收益最大化。

10.3　模型构建

10.3.1　生态福利绩效动态式

生态福利绩效是生态消耗所带来的人类福利获得情况。企业生产带来经济福利的同时，也导致环境福利降低，进而影响地区生态福利绩效，生态福利绩效动态式如下：

$$ewp_{(s)} = \alpha \mathrm{Re}_{(s)} - be_{(s)} + \theta ewp_{(s)} ,$$

$$ewp_{(s_0)} = ewp_{(0)} \tag{10.1}$$

上式中，$ewp_{(s)}$ 表示生态福利绩效水平，$e_{(s)}$ 表示企业的生态消耗水平。企业收益与 $e_{(s)}$ 相关，$\mathrm{Re}_{(s)}$ 为一段时间内产生的经济收益，R 为收益系数，地区经济发展水平以企业收益表示，$\alpha \mathrm{Re}_{(s)}$ 表示经济发展带来的经济福利转化，α 为经济福利转化系数；随着经济发展水平的不断提高，地区基础设施和社会福利体系将逐渐完善，人们对经济福利的需求不断降低，经济福利转化系数逐渐减小。$be_{(s)}$ 表示生态消耗带来的环境福利，b 为环境福利转化系数。企业在经济发展过程中不仅消耗大量的生态资源，还带来了巨大的环境污染排放量；与此同时，生态资源的稀缺性随经济发展日益凸显，人们对环境福利的需求将逐渐增强，生态消耗的环境福利不断提高，即环境福利转化系数逐渐增大。除了以上来源，生态系统自动修复也能带来生态福利绩效的提升，用 $\theta ewp_{(s)}$ 表示，θ 为生态系统自动修复能力，$0 < \theta < 1$。ewp_0 表示地区生态福利绩效的初始水平。

10.3.2　企业目标函数

$$J_c(e_{(s)}, m_{(s)}, p) = \int_0^\infty \left[\text{Re}_{(s)} - \frac{c_q}{2}e_{(s)}^2 - hewp_{(s)} - \frac{c_z}{2}(\pi e_{(s)})^2 - \right.$$
$$yc(e_{(s)} - \pi e_{(s)}) - lm_{(s)}(e_{(s)} - \pi e_{(s)} - \bar{e}) -$$
$$\left. vp_{(s)}(e_{(s)} - \pi e_{(s)} - \bar{e}) \right] e^{-\rho s} d_s \qquad (10.2)$$

企业的收入主要来源于企业生产所带来的生产净收益，该净收益由企业生产收益减去企业生产成本而得到，$\text{Re}_{(s)} - \frac{c_q}{2}e_{(s)}^2$ 表示企业生产净收益，$\text{Re}_{(s)}$ 为企业生产的经济收益；企业的生产成本与产量相关，随着产品产量的增加，企业对资源的需求也不断增加，生态资源稀缺性将逐渐凸显，在理性投入区间内，企业生产成本服从边际成本递增规律，因此，企业生产成本可表示为 $\frac{c_q}{2}e_{(s)}^2$，其中，$\frac{c_q}{2}$ 为企业生产的成本系数。

除生产成本外，企业的成本还包括生态污染给企业带来的生态福利绩效损耗、治污成本、排污费、超标排污罚款和声誉损失。企业作为地区的重要经济活动主体之一，也享有地区生态福利绩效，企业的生态消耗行为将对自身带来生态福利绩效的损耗，以 $hewp_{(s)}$ 表示。由于企业在生产过程中，并不会直接将污染物全部排放到生态环境中，而是经过一定的治污处理后再进行排污，故存在治污成本。随着治污量的不断增多，企业的治污设施磨损程度和折旧程度不断提高，企业支付的治污设备运行费用因维修费用增加而增加，即企业治污成本服从边际成本递增规律，并与企业治污量相关，表示为 $\frac{c_z}{2}(\pi e_{(s)})^2$，$\frac{c_z}{2}$ 为企业治污成本系数，$\pi e_{(s)}$ 为企业对生产过程中所产生的生态消耗量的治理成本，π 为企业生态消耗量自我治理的比例，$0 \leqslant \pi \leqslant 1$。我国实施的《排污费征收管理条例》中规定"任何直接向环境中排放污染物的企业和个人都必须上缴排污费"，因此企业在生产过程中需要根据自己上报的生态消耗量缴纳相应的排污费。$yc(e_{(s)} - \pi e_{(s)})$ 表示企业生产过程中需要缴纳的排污费总额，其中 y 表示企业单位生态消耗量所需缴纳的排污费，c 表示企业自主上报的生态消耗量比例。企业生态消耗超标会受到政府罚款处罚和遭受声誉损失，随着政府监管、公众参与程度的提高，企业超标生态消耗行为被发现的概率增大，且超标生态消耗量越大，政府罚款和声誉损失也越多。$lm_{(s)}(e_{(s)} - \pi e_{(s)} - \bar{e})$ 表示企业需要缴纳的超标生态消耗罚款，l 表示企业单位超额生态消耗量需要缴纳的罚款金额，$m_{(s)}$ 表示政府监管力度，$\bar{e}$ 为企业生态消耗标准。当企业存在超标生态消耗情况且被社会公众发现时，公众会对企业给出负面评价，企业产品口碑下降，进而影响产品销售，以 $vp_{(s)}(e_{(s)} - \pi e_{(s)} - \bar{e})$ 表示企业因超标生态消耗被公众发现所产生的声誉总损失，v 表示企业单位超标生态消耗量造成的声誉损失，$p_{(s)}$ 表示公众参与程度。

10.3.3　政府目标函数

$$J_g(e_{(s)}, m_{(s)}, p) = \int_0^\infty \left[\beta(ewp_{(s)} - \overline{ewp_{(s)}}) + \chi \, \text{Re}_{(s)} + \sigma m_{(s)} p_{(s)} - \right.$$

$$\left. \frac{c_m}{2}m_{(s)}^2 - \frac{c_p}{2}p_{(s)}^2 \right]e^{-\rho s}d_s \qquad (10.3)$$

地方政府的收益主要包括中央政府对地方政府的政绩考核收益和声望收益两部分。中央政府对地方政府的考核包括经济考核和生态考核，$\chi\,\mathrm{Re}_{(s)}$ 表示地方政府来自中央政府对其经济考核的收益，χ 为经济考核收益系数，经济考核收益系数越大，表明中央政府对地区的经济增长越看重；$\beta\,(ewp_{(s)} - \overline{ewp_{(s)}})$ 表示地方政府来自中央政府对其的生态考核收益，$\overline{ewp_{(s)}}$ 为中央政府设定的生态福利绩效考核标准，β 是生态考核收益系数，生态考核收益系数越大，表明中央政府对地区的生态绩效越看重；$\sigma m_{(s)}p_{(s)}$ 表示地方政府环境监管中的声望收益，公众参与的情况下，社会公众会对政府监管给予声望评价，声望收益是政府监管和公众参与的函数。

地方政府成本主要为环境监管成本和公众参与治理的成本。随着地方政府监管水平的提高，政府需要雇佣更多的工作人员，当政府监管处于较高水平时，人手不足问题逐渐凸显，政府部门不得不雇佣非专业人员并对其进行培训，因此政府环境监管成本服从边际成本递增规律，以 $\frac{c_m}{2}m_{(s)}^2$ 表示，$\frac{c_m}{2}$ 为政府监管的成本系数。公众参与治理过程中，随着公众参与程度的提高，政府需要解决的公众反馈问题增加，解决问题的人员需求量增大，因此，随着公众参与程度的提高，政府需要的人力资源逐步增加，公众参与治理成本也服从边际递增规律，以 $\frac{c_p}{2}p_{(s)}^2$ 表示，$\frac{c_p}{2}$ 是公众参与治理的成本系数。

10.4　微分博弈模型的求解

在地方政府和企业的博弈中，地方政府占据主导地位，其对污染企业的监管具有强制性。地方政府为了实现自身利益最大化，会对企业生态消耗行为进行监管，企业接受地方政府的监管，并根据地方政府的监管力度、惩罚力度决定自身的产量与生态消耗水平。为了得到博弈的反馈斯坦克伯格均衡策略，我们采用 Hamilton – Jacobi – Bellman 方程进行求解。生产企业作为跟随者，将政府环境监管和公众参与程度作为参数，选择生态消耗量以实现自身利益最大化。参考最优控制解法，由企业的目标函数可知，记 s 时刻后企业总利润的现值最优利润函数为：

$$J_c(ewp_{(s)}) = \max_{e_{(s)} \geq 0} \int_s^\infty \left[\mathrm{Re}_{(\tau)} - \frac{c_q}{2} e_{(\tau)}^2 - hewp_{(\tau)} - \frac{c_z}{2} (\pi e_{(\tau)})^2 - yc(e_{(\tau)} - \pi e_{(\tau)}) - lm_{(\tau)}(e_{(\tau)} - \pi e_{(\tau)} - \bar{e}) - vp_{(\tau)}(e_{(\tau)} - \pi e_{(\tau)} - \bar{e}) \right] e^{-\rho\tau} d_\tau$$

$$(10.4)$$

令 s 时刻之后，企业的总利润当值最优值函数为：

$$V_c(ewp_{(s)}) = \max_{e_{(s)} \geq 0} \int_s^\infty \left[\mathrm{Re}_{(\tau)} - \frac{c_q}{2} e_{(\tau)}^2 - hewp_{(\tau)} - \frac{c_z}{2} (\pi e_{(\tau)})^2 - yc(e_{(\tau)} - \pi e_{(\tau)}) - lm_{(S)}(e_{(\tau)} - \pi e_{(\tau)} - \bar{e}) - vp_{(\tau)}(e_{(\tau)} - \pi e_{(\tau)} - \bar{e}) \right] e^{-\rho(\tau-s)} d_\tau$$

$$(10.5)$$

则 s 时刻之后企业的总利润现值最优值函数可表示为：

$$J_c(ewp_{(s)}) = e^{-\rho s} V_c(ewp_{(s)}) \tag{10.6}$$

$V_c(ewp_{(s)})$ 对于所有的 $e_{(s)} \geq 0$ 都必须满足 Hamilton – Jacobi – Bellman 方程：

$$
\begin{aligned}
\rho V_c(ewp_{(s)}) = \max_{e_{(s)} \geq 0} \mathrm{Re}_{(s)} &- \frac{c_q}{2} e_{(\tau)}^2 - hewp_{(\tau)} - \frac{c_z}{2}(\pi e_{(\tau)})^2 - yc(e_{(\tau)} - \pi e_{(\tau)}) - \\
&lm(e_{(\tau)} - \pi e_{(\tau)} - \bar{e}) - vp_{(\tau)}(e_{(\tau)} - \pi e_{(\tau)} - \bar{e}) + \\
&V'_{c(ewp_{(s)})}(\alpha \mathrm{Re}_{(\tau)} - be_{(\tau)} + \theta ewp_{(\tau)})
\end{aligned}
\tag{10.7}
$$

一阶条件下使（10.7）式右边关于 $e_{(s)}$ 最大化，得到：

$$
\begin{aligned}
0 = R &- c_q e_{(s)} - yc(1-\pi) - c_z \pi^2 e_{(s)} - l(1-\pi)m_{(s)} - \\
&(1-\pi)p_{(s)} + V'_{c(ewp_{(s)})}(\alpha R - b)
\end{aligned}
\tag{10.8}
$$

$$
e_{(s)} = \frac{R - yc(1-\pi) + V'_{c(ewp_{(s)})}(\alpha R - b)}{c_q + c_z \pi^2} - \frac{l(1-\pi)}{c_q + c_z \pi^2} m_{(s)} - \frac{v(1-\pi)}{c_q + c_z \pi^2} p_{(s)}
\tag{10.9}
$$

对地方政府而言，考虑到生产企业会根据政府监管策略和公众参与策略来选择企业自身的最优策略，因此地方政府会根据污染企业的理性最优反馈来确定自己的最优策略，以满足收益最大化的目标。记 s 时刻后政府的总收益现值最优值函数为：

$$
\begin{aligned}
J_g(ewp_{(s)}) = \max_{m_{(s)} \geq 0, p \geq 0} \int_t^\infty &\Big[\beta(ewp_{(\tau)} - \overline{ewp_{(\tau)}}) + \chi \mathrm{Re}_{(\tau)} + \sigma m_{(\tau)} p_{(\tau)} - \\
&\frac{c_m}{2} m_{(\tau)}^2 - \frac{c_p}{2} p_{(\tau)}^2 \Big] e^{-\rho s} d_s
\end{aligned}
\tag{10.10}
$$

令 s 时刻之后，政府的总收益当值最优值函数为：

$$V_g(ewp_{(s)}) = \max_{m_{(s)} \geqslant 0, p \geqslant 0} \int_t^\infty \left[\beta(ewp_{(\tau)} - \overline{ewp_{(\tau)}}) + \chi \operatorname{Re}_{(\tau)} + \sigma m_{(\tau)} p_{(\tau)} - \right.$$
$$\left. \frac{c_m}{2} m_{(\tau)}^2 - \frac{c_p}{2} p_{(s)}^2 \right] e^{-\rho(\tau-s)} d_s \qquad (10.11)$$

则 s 时刻之后企业的总利润现值最优值函数可表示为：

$$J_g(ewp_{(s)}) = e^{-\rho s} V_g(ewp_{(s)}) \qquad (10.12)$$

同理，构造政府的 Hamilton – Jacobi – Bellman 方程：

$$\rho V_g(ewp_{(s)}) = \max_{m_{(s)} \geqslant 0, p \geqslant 0} \beta(ewp_{(s)} - \overline{ewp_{(s)}}) + \chi \operatorname{Re}_{(s)} + \sigma m_{(s)} p_{(s)} -$$
$$\frac{c_m}{2} m_{(s)}^2 - \frac{c_p}{2} p_{(s)}^2 + V'_{g(ewp_{(s)})}(\alpha \operatorname{Re}_{(s)} - be_{(s)} + \theta ewp_{(s)}) \qquad (10.13)$$

将（10.9）式代入（10.13）式，对（10.13）式右边关于 $m_{(s)}$ 最大化有：

$$0 = -\chi Rl(1 - \pi) + \sigma p_{(s)}(c_q + c_z \pi^2) - c_m m_{(s)}(c_q + c_z \pi^2) -$$
$$V'_{g(ewp_{(s)})}(\alpha R - b)l(1 - \pi)$$
$$\qquad (10.14)$$

$$m_{(s)} = \frac{-[\chi R + V'_{g(ewp_{(s)})}(\alpha R - b)]l(1 - \pi)}{c_m(c_q + c_z \pi^2)} + \frac{\sigma}{c_m} p_{(s)} \qquad (10.15)$$

将（10.9）式代入（10.13）式，对（10.13）式右边关于 $p_{(s)}$ 最大化有：

$$0 = -\chi Rv(1-\pi) + \sigma m_{(s)}(c_q + c_z\pi^2) - c_p p_{(s)}(c_q + c_z\pi^2) -$$

$$V'_{g(ewp_{(s)})}(\alpha R - b)v(1-\pi)$$

$$(10.16)$$

$$p_{(s)} = \frac{-[\chi R + V'_{g(ewp_{(s)})}(\alpha R - b)]v(1-\pi)}{c_m(c_q + c_z\pi^2)} + \frac{\sigma}{c_p}m_{(s)} \qquad (10.17)$$

为了得到线性的价值函数，令 $V_{c(ewp_{(\tau)})} = \zeta + \vartheta ewp_{(\tau)}$，$V_{g(ewp_{(\tau)})} = \omega + \mu ewp_{(\tau)}$。

求导可知：$V'_{c(ewp_{(s)})} = \vartheta$，$V'_{g(ewp_{(s)})} = \mu$，分别代入（10.7）与（10.13）式得到：

$$\rho(\zeta + \vartheta ewp_{(\tau)}) = \mathrm{Re}_{(s)} - \frac{c_q}{2}e_{(\tau)}^2 - hewp_{(\tau)} - \frac{c_z}{2}(\pi e_{(\tau)})^2 - yc(e_{(\tau)} - \pi e_{(\tau)}) -$$

$$lm(e_{(\tau)} - \pi e_{(\tau)} - \bar{e} - vp(e_{(\tau)} - \pi e_{(\tau)} - \bar{e}) +$$

$$V'_{c(ewp_{(s)})}(\alpha \mathrm{Re}_{(\tau)} - be_{(\tau)} + \theta ewp_{(\tau)})$$

$$(10.18)$$

$$\rho(\omega + \mu ewp_{(\tau)}) = \beta(ewp_{(s)} - \overline{ewp_{(s)}}) + \chi \mathrm{Re}_{(s)} + \sigma m_{(\tau)}p_{(\tau)} - \frac{c_m}{2}m_{(s)}^2 - \frac{c_p}{2}p_{(s)}^2 +$$

$$V'_{g(ewp_{(s)})}(\alpha \mathrm{Re}_{(\tau)} - be_{(\tau)} + \theta ewp_{(\tau)})$$

$$(10.19)$$

对比等号左右两边的系数，得到：$\rho\vartheta ewp_{(\tau)} = -hewp_{(\tau)} + \vartheta\theta ewp_{(\tau)}$，$\rho\mu ewp_{(\tau)} = \beta ewp_{(\tau)} + \mu\theta ewp_{(\tau)}$，因此 $\vartheta = \dfrac{h}{\theta-\rho}$，$\mu = -\dfrac{\beta}{\theta-\rho}$。

将 ϑ、μ 代入（10.9）、（10.15）、（10.17）式中得到均衡结果如下：

$$e^*_{(s)} = \frac{R - yc\,(1-\pi) + \dfrac{h}{\theta - \rho}\,(\alpha R - b)}{c_q + c_z \pi^2} - \frac{l\,(1-\pi)}{c_q + c_z \pi^2}m_{(s)} - \frac{v\,(1-\pi)}{c_q + c_z \pi^2}p_{(s)} -$$

$$m^*_{(s)} = \frac{\left[\chi R - \dfrac{\beta}{\theta - \rho}\,(\alpha R - b)\right](1-\pi)(lc_p + \sigma v)}{(c_q + c_z \pi^2)(c_m c_p - \sigma^2)} -$$

$$p^*_{(s)} = \frac{\left[\chi R - \dfrac{\beta}{\theta - \rho}\,(\alpha R - b)\right](1-\pi)(vc_m + \sigma l)}{(c_q + c_z \pi^2)(c_m c_p - \sigma^2)}$$

将均衡结果代入生态福利绩效动态式（10.1）中得到：

$$ewp^*_{(s)} = \frac{(\alpha R - b)\left[R - yc(1-\pi) + \dfrac{h}{\theta - \rho}(\alpha R - b)\right]}{c_q + c_z \pi^2} - \frac{l(1-\pi)(\alpha R - b)}{c_q + c_z \pi^2}m^*_{(s)} -$$

$$\frac{v(1-\pi)(\alpha R - b)}{c_q + c_z \pi^2}p^*_{(s)}$$

10.5　博弈均衡结果分析

10.5.1　政府监管与生态福利绩效

1. 政府监管通过抑制企业的生态消耗而影响生态福利绩效

将生态消耗量的均衡解 $e^*_{(s)}$ 关于政府监管力度 $m_{(s)}$ 求导有：$\dfrac{\partial e^*_{(s)}}{\partial m_{(s)}} =$

$-\dfrac{l\,(1-\pi)}{c_q + c_z \pi^2}$，根据各参数的选取范围可知，$\dfrac{\partial e^*_{(s)}}{\partial m_{(s)}} \leqslant 0$，即政府监管力度与

生态消耗水平呈负相关关系。市场经济中，由于环境的负外部性，企业没

有约束自身生态消耗行为的动机，相反，企业为追逐利润常使生态资源被过度开发与使用，由此产生的污染废弃物也大量增加，企业逐利带动经济增长的同时也导致了生态环境被破坏。而政府增强对企业的环境监管，将增大企业超额生态消耗和排污行为被发现的概率，企业因超额生态消耗行为所缴纳的排污费也随之增加。因此，随着政府监管力度的增大，企业为维持原有的利润水平，必须减少超额生态消耗以降低排污缴费，从而引起地区生态消耗水平的降低，进而影响生态福利绩效。

2. 政府监管的成本效应与技术效应随经济的发展而变化

将生态福利绩效的均衡解 $eiwp_{(s)}^{*}$ 关于政府监管力度 $m_{(s)}$ 求偏导后得到：

$$\frac{\partial eiwp_{(s)}^{*}}{\partial m_{(s)}} = -\frac{l\ (1-\pi)\ (\alpha R-b)\ s}{(c_q+c_z\pi^2)\ (1-\theta s)}，根据各参数的取值范围可知，\frac{\partial eiwp_{(s)}^{*}}{\partial m_{(s)}}的$$

符号由 $\alpha R-b$ 决定。

经济发展初级阶段，生态资源充足，环境承载力较高，生态消耗的边际经济福利提升幅度大于边际环境福利下降幅度，即 $\alpha R-b \geqslant 0$，

$\frac{\partial eiwp_{(s)}^{*}}{\partial m_{(s)}} \leqslant 0$，政府监管与生态福利绩效呈现负相关关系，即政府监管对生态福利绩效的成本效应大于技术效应。在这一阶段，地区人口的福利获得主要依赖经济增长，而环境资源的充足也使得环境福利系数较小，使得单位生态消耗量带来的边际经济福利提升幅度大于边际环境福利的降低幅度，生态福利绩效的提升主要依赖生态消耗水平的提高。在经济欠发达阶段，政府增大监管力度，企业为满足政府的环境规制标准，将不得不内化部分环境外部成本，使企业的生产成本增加而产量降低，进而导致地区社会福利获得量大幅度下降，抑制生态福利绩效的提升。即经济发展初期，政府监管的成本效应大于技术效应，对地区生态福利绩效提升

具有抑制作用。

当经济进入相对发达阶段，地区居民对于经济福利的边际需求降低，经济福利转化系数减小，而由于自然资源过度消耗，其稀缺性凸显，环境福利系数大幅度增大，导致生态消耗带来的经济福利提升量小于环境福利降低量，即 $\alpha R - b < 0$，此时 $\dfrac{\partial e\,\dot{w}p_{(s)}^{*}}{\partial m_{(s)}} > 0$，政府监管的技术效应大于成本效应，对生态福利绩效提升具有正向促进作用。在这一阶段，政府监管的"技术效应"开始加大，政府监管力度的增强倒逼企业通过技术创新手段改进生产方式，由"高消耗、低产出"转变为"低消耗、高产出"，降低生态投入的同时增加经济产出，对生态福利绩效提升具有促进作用。即经济发达阶段，政府监管的技术效应大于成本效应，对生态福利绩效的提升具有促进作用。

10.5.2　公众参与与生态福利绩效

1. 公众参与通过规制企业的生态消耗行为而影响生态福利绩效

将生态消耗量的均衡解 $e_{(s)}^{*}$ 关于公众参与程度 $p_{(s)}$ 求导有：$\dfrac{\partial e_{(s)}^{*}}{\partial p_{(s)}} =$ $-\dfrac{v\,(1-\pi)}{c_{q}+c_{z}\pi^{2}}$，根据各参数的取值范围可知 $\dfrac{\partial e_{(s)}^{*}}{\partial p_{(s)}} \leqslant 0$，公众参与程度与生态消耗量呈负相关关系。企业的生态消耗行为影响社会公众的生活环境，当企业有超额生态消耗行为时，社会公众因生活环境与生活质量受到负面影响而降低了对企业的好感度，甚至对企业与产品给予负面评价，造成企业声誉损失。当公众参与程度提高时，企业为了避免声誉及利润下降，会被迫减少超额生态消耗活动，降低地区生态消耗水平，进而影响地区生态福利绩效。

2. 公众参与的成本效应与技术效应随经济的发展而变化

将生态福利绩效的均衡解 $eiwp^*_{(s)}$ 关于公众参与程度 $p_{(s)}$ 求偏导后得到：

$\dfrac{\partial eiwp^*_{(s)}}{\partial p_{(s)}} = -\dfrac{v(1-\pi)(\alpha R - b)s}{(c_q + c_z \pi^2)(1-\theta s)}$，根据各参数的取值范围可知，$\dfrac{\partial eiwp^*_{(s)}}{\partial p}$ 的符

号由 $\alpha R - b$ 决定，而 $\alpha R - b$ 随着经济发展阶段而变化。经济发展初期，单位生态消耗量所带来的经济福利提升幅度大于环境福利降低幅度，即 $\alpha R -$

$b \geqslant 0$，$\dfrac{\partial eiwp^*_{(s)}}{\partial p} \leqslant 0$。在这一阶段，公众参与通过增大企业的生产成本来抑制

地区生态消耗，同时也提高了社会福利提升的成本；但在这一阶段，公众参与的成本效应大于技术效应，阻碍了生态福利绩效水平的提升。

当经济进入发达阶段，$\alpha R - b < 0$，$\dfrac{\partial eiwp^*_{(s)}}{\partial m_{(s)}} > 0$。此时，公众参与的技

术效应大于成本效应。公众参与通过倒逼企业技术进步而降低了生态消耗，进而对生态福利绩效提升产生促进作用。

10.5.3 经济福利转化程度与生态福利绩效

将政府监管 $m_{(s)}$、公众参与 $p_{(s)}$ 的均衡解关于经济福利转化系数 α 求导得

到：$\dfrac{\partial m^*_{(s)}}{\partial \alpha} = \dfrac{-\beta R(1-\pi)(lc_p + \sigma v)}{(\theta - \rho)(c_q + c_z \pi^2)(\sigma^2 - c_m c_p)}$，$\dfrac{\partial p^*_{(s)}}{\partial \alpha} = \dfrac{-\beta R(1-\pi)(vc_m + \sigma l)}{(\theta - \rho)(c_q + c_z \pi^2)(\sigma^2 - c_m c_p)}$。

根据各参数的取值范围可知：$\dfrac{\partial m^*_{(s)}}{\partial \alpha} \leqslant 0$，$\dfrac{\partial p^*_{(s)}}{\partial \alpha} \leqslant 0$，即经济福利转化程度的

降低对政府监管、公众参与程度的提高具有促进作用。经济福利转化系数的缩小，表明地区福利建设趋于完善，人口经济福利提升对经济发展的依

赖程度降低。地方政府为了实现自身收益最大化，会加强政府监管并促进公众参与，以强化对企业生态消耗行为的监督。即经济福利转化程度可通过影响政府监管、公众参与程度而影响生态福利绩效。

10.5.4　环境福利转化程度与生态福利绩效

将政府监管 $m_{(s)}$、公众参与 $p_{(s)}$ 的均衡解关于环境福利转化系数 b 求导得

到：$\dfrac{\partial m_{(s)}^{*}}{\partial b}=\dfrac{\beta\ (1-\pi)\ (lc_{p}+\sigma v)}{(\theta-\rho)\ (c_{q}+c_{z}\pi^{2})\ (\sigma^{2}-c_{m}c_{p})}$，$\dfrac{\partial p_{(s)}^{*}}{\partial b}=\dfrac{\beta\ (1-\pi)\ (lc_{p}+\sigma v)}{(\theta-\rho)\ (c_{q}+c_{z}\pi^{2})\ (\sigma^{2}-c_{m}c_{p})}$。

根据各参数的取值范围可知：$\dfrac{\partial m_{(s)}^{*}}{\partial b}\geqslant 0$，$\dfrac{\partial p_{(s)}^{*}}{\partial b}\geqslant 0$，表明环境福利转化程度的提高对政府监管、公众参与具有促进作用。环境福利转化程度提高，生态消耗的环境影响增大，出于自身政绩考虑，政府会加大环境监管力度和促进公众环保参与以限制企业过度生态消耗。因此，环境福利转化程度与政府监管、公众参与呈正相关关系，即环境福利转化程度通过影响政府监管、公众参与程度而影响生态福利绩效。

第 11 章
政府监管、公众参与对生态福利绩效影响的实证分析

本章将利用 2007—2017 年我国 30 个省份的面板数据，测度各省份生态福利绩效，分析影响我国生态福利绩效的主要因素，为提出促进生态福利绩效提升的建议提供依据。

11.1 生态福利绩效测度模型

11.1.1 测度模型构建

生态福利绩效是指福利价值量和生态资源消耗量的实物量比值。已有研究对于生态福利绩效的测度方法包括自建函数法、数据包络法和比值法。自建函数法无法避免指标选取差异对测算结果产生影响，数据包络法在测算过程中无法排除极值的影响；而比值法恰好避免了这两种弊端，测算结果的可信度更高，更适合测度我国省级层面的生态福利绩效。因此，本章依据诸大建的生态福利绩效定义，以福利水平为分子、生态消耗水平为分母，建立如下生态福利绩效的测度模型：

$$EWP = HDI/EC \tag{11.1}$$

其中，EWP 表示生态福利绩效，HDI 表示人类福利水平，EC 表示生态消耗水平。

衡量福利水平时可采用主观福利或客观福利，主观福利主要是指人们对生活质量所做的情感性和认知性的整体评价，通过问卷调查等方式直接获得，反映了被调查人群的真实福利，但由于被调查人群容易受"社会比较"和享乐主义的影响，会导致测量数据出现偏差[74]。客观福利主要指一个特定人群所共同认定的社会福利水平，以反映人类生活质量的指标表示，一般为出生时预期寿命和人类发展指数。相较于出生时预期寿命，人类发展指数是被联合国开发计划署用以衡量联合国各成员国经济社会发展水平的指标，从卫生和医疗水平、受教育水平以及过上体面生活的能力这三个方面反映地区的福利水平，既包含经济福利又包含非经济福利，得到联合国开发计划署的推广，更具权威性和纵向、横向的可比性，被各国学者和政府广泛接受。相较于单一指标，人类发展指数指标精炼且具有操作性，能够在更广阔的范围内产生实际影响，因此更适合表征地区人类福利水平。

结合已有文献研究，本章选定人类发展指数作为衡量福利水平的指标，采用《2016 中国人类发展报告》中的计算方法进行计算。其中，卫生和医疗水平维度用预期寿命指数表示，受教育水平维度用教育指数表示，过上体面生活的能力维度用收入指数来表示。出生时预期寿命是指在一定年龄别死亡率水平下，或到确切某一岁以后，人平均还能继续生存的年数，是衡量一个国家、民族和地区居民健康水平的指标。平均受教育年限以一定时期、一定区域内某一人群接受教育的年数总和的平均数表示，在测算中，以现行学制为受教育年限系数（即小学 6 年、初中 9 年、高中 12 年、大专及以上文化程度 16 年），以地区各个文化程度人口占该地区总人口的比值与各个文化程度人口受教育年限的乘积之和表示该地人口平均受教育年限：

$$MYS = \sum P_i E_i / P \qquad (11.2)$$

式中，*MYS* 为平均受教育年限，p_i 为具有 i 种文化程度的人口数；E_i 为具有 i 种文化程度的人口受教育年限系数，p 为该省总人口数。

表 11 – 1　指标阈值选取

指标	最大值	最小值
出生时预期寿命（岁）	83.6	20
平均受教育年限（年）	13.3	0
人均 GDP（元）	119029	163

以上指标的数据范围相差较大，计算过程中我们先对所有人均 GDP 数据做取对数处理，各指标选取 2013 年的阈值（表 11 – 1），对数据进行无量纲化处理，获得寿命指数、教育指数和收入指数，并以三者的几何平均数表示该地区人类福利指数：

$$HDI = \sqrt[3]{LEI \times EI \times II} \qquad (11.3)$$

其中，*LEI* 为寿命指数，*EI* 为教育指数，*II* 为收入指数。

衡量生态消耗水平的方法主要有三种：第一种是直接从"全球生态足迹网络"中获取生态足迹数值，因该网络提供的为国家层面数据，针对国家样本的研究中多采用这种方法衡量生态消耗水平。第二种是利用生态足迹测算生态消耗。第三种是构建生态资源消耗指数来测度生态消耗水平。由于本章以我国省级层面数据为研究样本，后两种方法均可用于生态消耗水平的测度，但受国内统计数据缺失以及各省份初级产品和次级产品之间转换效率数据缺失的影响，采用第二种方法测算的生态消耗水平数值与可比值之间存在较大差异，因此第三种方法更适合测度我国省级层面生态消耗水平。

考虑到我国经济发展过程中，企业生产对生态环境的影响既包括生态资源的消耗，还包括环境污染物的排放，我们参考《2016 年中国城市可持续发展报告》中的生态投入指标构建生态消耗指数，作为我国省级层面生态消耗水平的衡量指标，以生态资源消耗水平和环境污染水平的几何平均数表示：

$$EC = \sqrt{RC \times EP} \tag{11.4}$$

其中，EC 表示生态消耗指数，RC 表示生态能源消耗指数，EP 表示环境污染指数。

仅用某一资源消耗值无法准确衡量企业生产过程中生态资源的消耗水平。实际情况是，现有生态资源消耗不仅包括能源消耗，也包括土地资源消耗和水资源消耗，所以我们在测算中选取人均能源消耗量、人均城市建设用地和人均水资源消耗量三个指标，对以上数据进行标准化处理后获得能源消耗指数 E、土地资源消耗指数 UL 和水资源消耗指数 W，并用以上三种指数的几何平均数表示生态资源消耗：

$$RC = \sqrt[3]{E \times UL \times W} \tag{11.5}$$

企业在生产过程中，对生态系统产生的环境污染物主要包括水污染物、大气污染物和固体废弃物，为全面概括地区生态环境污染情况，我们从水污染、大气污染和固体废弃物三个方面衡量环境污染情况，分别以废水中的人均化学需氧量和人均氨氮排放量之和，废气中的主要污染物——二氧化硫、氮氧化物和烟粉尘的人均排放总量，以及人均一般固体废弃物排放总量来表示水污染、大气污染和固体废弃物污染情况。在计算过程中，我们对所有数据取对数后进行无量纲化处理，获得水污染指数 WW、

大气污染指数 WG、固体废弃物污染指数 SW，并以三者的几何平均数表示环境污染指数：

$$EP = \sqrt[3]{WW \times WG \times SW} \qquad (11.6)$$

11.1.2　数据来源

本书的出生时预期寿命的数据来源于全国人口普查资料，缺失数据以 2000 年和 2010 年的数据为基础，按照自然增长率补齐。在教育指数的计算中，我们选取各类文化程度的在校学生数表征具有各类文化程度的人口数，数据来源于中国教育统计年鉴、各省份统计年鉴，由于已有数据资料的教育数据更新到 2016 年，2017 年数据由外推法计算获得。收入指数的数据来自中国统计年鉴。生态消耗指数测度中，所需生态消耗数据与人口数据分别来源于中国统计年鉴、中国能源统计年鉴、中国环境统计年鉴、各省份统计年鉴。

11.2　测度结果分析

根据上述测度模型，我们通过计算得到 2007—2017 年中国的 30 个省、市、自治区的人类发展指数、生态消耗水平以及生态福利绩效水平。

11.2.1　人类发展指数测度结果

根据人类发展指数的测度模型，我们对我国各省份的人类发展指数进行测度，其变化趋势见图 11 - 1。测度结果显示，2007—2017 年，全国人类发展指数呈现上升趋势，上升幅度为 19.67%，全国整体从中人类发展水平上升到高人类发展水平。在这一过程中，经济发展带动了地区基础设施建设与福利体系的不断完善，使医疗及卫生情况得到改善，居民受教育水平和收入不断提高，总体人均福利水平得到提升。其中，大多数省份人类发展指数趋势为持续上升型，但也不乏部分省市在人类发展指数呈整体上升趋势下出现短暂的下降情况，例如，北京、内蒙古、湖南、广东、重庆、甘肃和宁夏在 2017 年出现了短暂下降的现象，收入水平下降是导致这一现象出现的主要原因。人类发展指数排名前五的省份分别是：北京、上海、天津、江苏和广东。其中，北京、上海、天津属于极高人类发展水平城市，这些城市属于国家级中心城市，无论是在经济还是其他方面，都处于领先发展地位，因此，这三个地区基础设施及其他社会福利体系方面都相对完善，人类福利程度高于其他地区。江苏和广东属于高人类发展水平

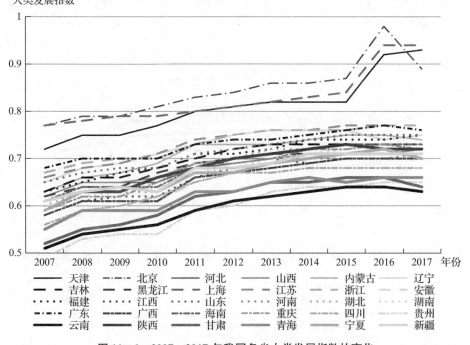

图 11-1　2007—2017 年我国各省人类发展指数的变化

省份，这两个省份位于我国东南部，经济发达，相比其他地区基础设施建设较为完善，居民受教育水平和收入水平也高于全国其他地区。人类发展指数排名后四位的省份分别是：青海、甘肃、云南和贵州，属于中人类发展水平。这些省份位于我国西部地区，受区域自然地理、经济条件影响，存在交通不便、技术落后等劣势，导致经济发展速度相对缓慢，地区基础设施建设不够完善，社会福利体系构建也相对缓慢，医疗卫生水平、居民受教育水平和收入水平低于其他地区。

11.2.2　生态消耗指数测度结果

我们根据生态消耗指数的测度模型测度各省份的生态消耗水平，结果见图 11 - 2。整体来看，2007—2017 年全国生态消耗水平经历了"上升—

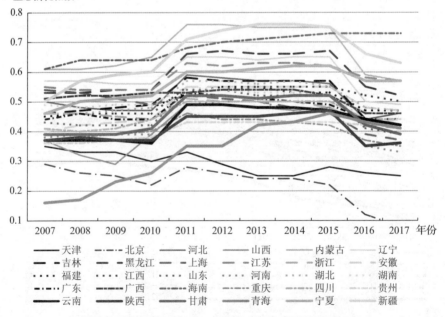

图 11 - 2　2007—2017 年我国各省生态消耗指数的变化

下降"的变动趋势后，生态消耗水平最终持平，2011 年为生态消耗水平趋势变化的转折点，在 2011 年之前，生态消耗水平呈现不断上升的趋势，2011 年以后，生态消耗水平呈现不断下降的趋势。其中，排名前四的地区为：内蒙古、新疆、黑龙江和辽宁省。这些地区的经济发展高度依赖工业产业，而且这些地区冬季主要依靠低效能的燃煤锅炉取暖，导致这部分地区不仅能源消耗量巨大，产生的环境污染量也较大，生态消耗指数居高不下。

11.2.3　生态福利绩效测度结果

根据生态福利绩效的定义，我们以人类发展指数为分子、生态消耗水平为分母，测度了 2007—2017 年中国 30 个省、市、自治区（西藏和中国港澳台地区除外）的生态福利绩效，测度结果见表 11 - 2：

表 11 - 2　2007—2017 年我国生态福利绩效测度结果

省市	2007	2008	2009	2010	2011	2012	2013	2014	2015	2016	2017
北京	2.63	2.98	3.15	3.71	2.98	3.26	3.52	3.57	4.03	7.93	11.33
天津	2.06	2.28	2.31	2.57	2.45	2.83	3.21	3.23	2.96	3.54	3.65
河北	1.24	1.35	1.38	1.37	1.15	1.18	1.22	1.23	1.28	1.60	1.58
山西	1.71	2.03	2.25	1.69	1.40	1.44	1.45	1.50	1.50	1.72	1.87
内蒙古	1.03	1.08	1.08	1.07	0.95	0.96	0.98	0.98	0.99	1.27	1.30
辽宁	1.15	1.20	1.22	1.26	1.12	1.15	1.18	1.17	1.17	1.49	1.53
吉林	1.36	1.41	1.38	1.39	1.20	1.25	1.28	1.27	1.27	1.67	1.67
黑龙江	1.17	1.21	1.19	1.23	1.04	1.05	1.08	1.07	1.07	1.30	1.38
上海	1.41	1.48	1.54	1.61	1.54	1.60	1.63	1.74	1.81	2.41	2.52
江苏	1.21	1.26	1.28	1.31	1.17	1.20	1.21	1.22	1.25	1.34	1.35
浙江	1.44	1.50	1.55	1.59	1.43	1.49	1.52	1.52	1.57	1.82	1.88
安徽	1.38	1.40	1.40	1.40	1.18	1.21	1.24	1.27	1.27	1.46	1.49

（续表）

省市	2007	2008	2009	2010	2011	2012	2013	2014	2015	2016	2017
福建	1.38	1.42	1.44	1.41	1.34	1.29	1.31	1.37	1.40	1.59	1.59
江西	1.26	1.34	1.35	1.33	1.21	1.25	1.27	1.27	1.28	1.36	1.40
山东	1.51	1.59	1.62	1.63	1.30	1.34	1.40	1.41	1.44	1.83	1.91
河南	1.56	1.61	1.61	1.62	1.35	1.35	1.37	1.49	1.46	1.99	2.15
湖北	1.31	1.35	1.35	1.36	1.21	1.24	1.28	1.27	1.32	1.53	1.54
湖南	1.21	1.29	1.28	1.31	1.23	1.27	1.31	1.34	1.38	1.65	1.76
广东	1.52	1.53	1.59	1.59	1.39	1.42	1.46	1.49	1.55	1.76	1.74
广西	1.14	1.16	1.19	1.16	1.24	1.24	1.27	1.28	1.33	1.52	1.52
海南	10.89	7.83	6.87	5.30	2.37	2.44	2.41	2.35	2.28	2.99	2.89
重庆	1.57	1.61	1.59	1.61	1.50	1.57	1.61	1.66	1.70	1.98	2.06
四川	1.35	1.45	1.45	1.41	1.31	1.33	1.35	1.36	1.37	1.54	1.55
贵州	1.38	1.48	1.47	1.45	1.35	1.40	1.46	1.48	1.48	1.55	1.47
云南	1.40	1.48	1.50	1.54	1.22	1.25	1.30	1.31	1.36	1.45	1.51
陕西	1.61	1.64	1.73	1.76	1.54	1.56	1.57	1.55	1.56	2.07	2.00
甘肃	1.35	1.42	1.42	1.43	1.20	1.23	1.26	1.25	1.27	1.56	1.65
青海	3.44	3.51	2.62	2.29	1.79	1.81	1.55	1.53	1.43	1.55	1.61
宁夏	1.28	1.27	1.26	1.20	1.10	1.12	1.13	1.12	1.15	1.26	1.24
新疆	1.21	1.11	1.08	1.04	0.96	0.92	0.91	0.93	0.95	1.08	1.12
东部地区	2.40	2.22	2.18	2.12	1.66	1.75	1.83	1.84	1.89	2.57	2.91
中部地区	1.31	1.39	1.41	1.36	1.20	1.23	1.25	1.27	1.29	1.55	1.61
西部地区	1.62	1.66	1.57	1.53	1.33	1.35	1.35	1.35	1.36	1.56	1.58
全国	1.45	1.51	1.52	1.51	1.33	1.36	1.38	1.40	1.42	1.69	1.73

从时间变动上看，我国生态福利绩效呈现"上升—下降—上升"的趋势，最终上升幅度为19.3%。2007—2017年，经济发展带动了基础设施建

设、福利体系构建不断完善，医疗及卫生保障水平提高，居民收入和受教育水平也不断提高，使得人均福利水平不断提升，表现为我国人类发展指数呈现缓慢上升趋势；而生态消耗水平以 2011 年为转折点，呈现"上升—下降"趋势。2007—2010 年，人类发展指数的上升幅度大于生态消耗水平的上升幅度，带来了生态福利绩效的提升。至 2011 年，由于高能耗、高污染企业增多，我国整体生态消耗水平大幅上升，超过人类发展水平的上升幅度，使得生态福利绩效显著降低。2012 年，我国提出生态文明战略，并不断加强对企业污染行为的规制，颁布环保法规，我国生态消耗水平开始下降，导致生态福利绩效不断提高。

从区域来看（图 11 - 3），生态福利绩效区域差异显著，呈现"东部最高，西部次之，中部最低"的 U 型地域格局。主要原因是：东部地区经济发达、社会保障水平高，因而人类发展指数高；与此同时，国家对生态文明建设的重视程度不断提高与产业结构的转型升级使得生态消耗水平降低，地区生态福利绩效提高，且高于全国平均水平。中部地区受产业转移影响，仍面临求经济增长而透支自然资源的发展困境，生态消耗水平较高，而由于开放程度、经济技术发展水平与东部地区存在差距，其人类福

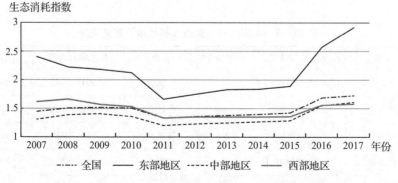

图 11 - 3　2007—2017 年我国区域生态福利绩效变化趋势

利水平低于东部地区,生态福利绩效水平低。西部地区因自然环境差、地广人稀、区域经济与基础建设落后,地区人类福利水平最低,相应的能源消耗也较少,生态环境得到了良好的保护,生活性"三废"是生态消耗的主要原因,生态消耗水平极低,因而生态福利绩效水平高于中部而低于东部地区。

表11-3显示了我国各省市的生态福利绩效水平,北京、海南和天津这三个省市位于我国生态福利绩效前三名,其中北京、天津属于典型的"高福利,低消耗"地区,生态福利绩效水平较高。海南作为我国开放前沿和重点地区,经济发展迅猛,且为旅游胜地,生态福利绩效水平仅次于北京。青海地处我国西北,经济落后,虽然人类发展水平较低,但生态消耗水平也极低,位于第四位。陕西和重庆作为西部大开发产业转移的承接地,经济发展加速,分别位于第六、第七位。上海、浙江、广东、山东和福建属于"高福利,高消耗"地区,生态福利绩效处于中上水平。四川、云南、甘肃和河南属于"低福利,低消耗"地区,生态福利绩效处于中下水平。黑龙江、内蒙古和新疆属于典型的"高消耗"地区,这些地区经济发展相对缓慢,因此生态福利绩效水平位于后三位。

表11-3 我国各省市生态福利绩效及排名情况

省市	生态福利绩效	排名	省市	生态福利绩效	排名
北京市	4.463160562	1	云南省	1.391715942	16
海南省	4.421862768	2	吉林省	1.378470121	17
天津市	2.825756205	3	甘肃省	1.366479834	18
青海省	2.10390425	4	湖南省	1.365758593	19
上海市	1.753469104	5	湖北省	1.34057655	20

（续表）

省市	生态福利绩效	排名	省市	生态福利绩效	排名
陕西省	1. 690772935	6	安徽省	1. 336939574	21
山西省	1. 686908473	7	河北省	1. 326291141	22
重庆市	1. 678004997	8	江西省	1. 302545148	23
河南省	1. 596535453	9	广西	1. 276585822	24
浙江省	1. 572456429	10	江苏省	1. 25562542	25
广东省	1. 54993977	11	辽宁省	1. 240167606	26
山东省	1. 543089783	12	宁夏	1. 193918416	27
贵州省	1. 45235644	13	黑龙江	1. 162437782	28
福建省	1. 41242472	14	内蒙古	1. 064095118	29
四川省	1. 405787054	15	新疆	1. 028964305	30

11.3　动态面板模型设定

为了考察政府监管、公众参与等因素对生态福利绩效的影响，同时也考虑到生态福利绩效变化是一个连续的过程，上一期的生态福利绩效会对下一期产生影响，因而我们采用差分广义矩估计，构建包含被解释变量滞后一期的动态面板模型，具体模型设定如下：

$$EWP_t = \alpha EWP_{t-1} + \beta_1 \ln(GR)_t + \beta_2 \ln(PP)_t + \beta_3 TA_t + \beta_4 UR_t + \beta_5 IS_t +$$

$$\beta_6 \ln(FDI)_t + \beta_7 \ln(GDP)_t + u_2 \tag{11.7}$$

式（11.7）中的相关符号及说明见表 11 - 4：

表 11 – 4　相关符号说明

符号	名称
EWP	生态福利绩效
GR	政府监管
PP	公众参与
TA	技术进步
UR	城镇化
IS	产业结构
FDI	外商直接投资
GDP	经济规模

11.4　指标选取及数据来源

11.4.1　指标选取

本书回归模型中涉及的相关变量指标的选取如下：

1. 被解释变量

生态福利绩效：本书使用 *EWP* 表示生态福利绩效水平，用于反映地区经济发展质量和相对健康程度，基于生态福利绩效的定义采用比值法测度得到，其数据为前文测算所得。

2. 核心解释变量

政府监管：我国颁布史上"最严环保法"，实行严格的生态环境保护制度。在我国生态环境保护体系中，政府监管占据主导地位，政府监管可影响地区生态消耗水平，从而影响生态福利绩效。指标选取上，环境法律、法规及政策是环保部门在环境污染治理和生态环境保护方面最直接、强硬的手段[107]，现行的环境法律、法规及政策数量越多，说明地方政府对于生态环境的监管力度越强。因此，我们以地区环境法规及政策数量作为衡量政府监管力度的指标。

公众参与：社会公众是环境污染的直接受害者，且公众作为人数最多的社会群体，其监督企业环境消耗行为具有便捷与成本低廉的优势，是生态环境保护体系中的另一重要力量。对公众参与程度，已有研究主要从公众参与意识和公众参与行为两个方面进行测度，用公众参与意识表征公众参与程度时，多采用调查问卷方式获取数据指标，具有一定的片面性。相较而言，采用公众参与行为的指标在度量上更加客观，其数据也可从统计资料中直接获得。公众主要通过环境信访、政协提案和人大建言三种方式参与环境监管和治理过程，由于 2016 年以后中国环境年鉴不再提供环境信访的数据，因此本书以各地区承办的人大建议数和承办的政协提案数作为社会公众参与程度的量化指标，承办的人大建议和政协提案数越多，表明社会公众环境参与程度越高。

3. 控制变量

技术进步：技术进步对生态福利绩效的影响是把双刃剑，一方面它推动地区经济规模增大而导致环境污染加剧；另一方面它又通过溢出效应提高生态资源利用率而缓解生态环境污染状况。考虑到 R&D 经费投入强度与一国或地区的创新能力密切相关，本书选取 R&D 经费投入强度来度量各地区技术进步情况。

产业结构：工业化促进了经济增长，但也因高污染、高消耗而加剧了环境污染，影响公众生活质量和健康，阻碍地区福利水平的提升。三种产业中工业产业比重越大，生态资源消耗和环境污染程度越高，对地区生态福利绩效的影响越大，因此本书以第二产业产值占 GDP 比重来表示各地区产业结构。

此外，城镇化、外商直接投资增加、经济规模增大均会带动地区基础设施、卫生医疗状况改善，以及居民受教育水平、就业水平、收入水平提高，影响地区社会福利；同时也使资源消耗增加、环境污染加剧，从而影响地区生态福利绩效水平。本书分别以城镇人口占地区总人口比重、外商直接投资总额、人均 GDP 来表征城镇化、外商直接投资与经济规模。各变量符号及说明见表 11 - 5。

表 11 - 5　变量符号及说明

变量	符号	名称	指标选取
被解释变量	EWP	生态福利绩效	人类发展指数/生态消耗
解释变量	GR	政府监管	环境法规数量之和
	PP	公众参与	人大建议与政协提案数之和
控制变量	TA	技术进步	R&D 经费投入强度
	IS	产业结构	第二产业占 GDP 比重
	UR	城镇化	城镇人口占地区总人口比重
	FDI	外商直接投资	外商直接投资额
	GDP	经济规模	人均 GDP

11.4.2　数据来源及处理

我们利用 2007—2017 年中国 30 个省、市、自治区（西藏和中国港澳台地区除外）的面板数据进行分析，所有数据均来自相关年份的中国统计年鉴、中国环境年鉴、中国环境统计年鉴、中国科技统计年鉴、各省统计年鉴，以及国家统计局网站系统数据，缺失数据指标由内推法或外推法计算获得。由于政府监管、公众参与、外商直接投资和经济规模数据为实际数值，为避免异方差和极值的影响，我们对以上四类数据做取对数处理。各变量的描述性统计结果见表 11 – 6。

表 11 – 6　主要变量的描述性统计结果

变量	平均值	中位数	最大值	最小值	标准差
EWP	1. 672900	1. 42117	11. 3348	0. 912496	1. 089653
Ln（GR）	2. 297656	1. 149106	4. 65396	0. 00000	1. 212828
Ln（PP）	5. 813162	5. 986449	8. 673342	2. 772589	1. 025082
TA	1. 473061	1. 180000	6. 010000	0. 210000	1. 062468
UR	54. 11782	52. 0000	89. 60000	28. 24000	13. 45959
IS	46. 20501	47. 60000	60. 13290	19. 0000	8. 153895
Ln（FDI）	12. 62641	12. 90956	15. 08974	6. 961296	1. 623075
Ln（GDP）	1051879	10. 54076	11. 76752	8. 971829	0. 551028

11.5　计量检验

11.5.1　单位根检验

为避免面板数据为非平稳时间序列，导致回归分析存在伪回归现象，我们对面板数据进行单位根检验。一般情况下可以将面板数据的单位根检验分为两种：一种为相同根情形下的单位根检验，检验方法包括 LLC 检验、Breitung 检验；另一种为不同根情形下的单位根检验，检验方法包括 Fisher-ADF 检验、Fisher-PP 检验。为避免单一方法可能存在的缺陷，我们选择同时进行相同根情形下和不同根情形下的单位根检验，采用 ADF – PP 和 LLC 检验方法进行检验，检验结果见表 11 – 7。

表 11 - 7 单位根检验结果

变量	检验方式	ADF - PP 统计量	LLC 统计量	检验结果
EWP	(0, 0, 1)	238.808 * * *	- 7.13646 * * *	平稳
Ln (GR)	(0, 0, 1)	310.934 * * *	- 10.4600 * * *	平稳
Ln (PP)	(C, T, 0)	165.708 * * *	- 9.00942 * * *	平稳
TA	(C, 0, 0)	143.200 * * *	- 7.64712 * * *	平稳
UR	(C, T, 1)	189.632 * * *	- 8.94063 * * *	平稳
IS	(0, 0, 1)	184.867 * * *	- 7.42753 * * *	平稳
Ln (FDI)	(C, T, 0)	86.8704 * * *	- 22.0116 * * *	平稳
Ln (GDP)	(C, 0, 1)	95.4992 * * *	- 8.96981 * * *	平稳

注：(C, T, K) 分别表示单位根检验方程包括的常数项、时间趋势和滞后项的阶数，*、
* *、* * * 表示在 10%、5%、1% 的水平下显著。

11.5.2　Sargan 检验

为判断在动态面板回归模型中，工具变量选取是否存在过度约束问题，我们进行 Sargan 检验。其中，Sargan 检验的原假设 H_0 为：模型设定中工具变量存在过度约束问题；备选假设 H_1 为：模型设定中工具变量不存在过度约束问题。检验结果见表 11 - 8。

表 11 - 8 Sargan 检验结果

J-statistic	Prob
26.50319	0.9829

Sargan 检验结果显示，P 值为 0.9829，拒绝原假设，证明模型设定中工具变量不存在过度约束问题，即模型设定正确，可以进行下一步检验。

11.5.3　Arellano－Bond 检验

动态面板回归需要满足假设"扰动项不存在自相关"条件，因此我们进行 Arellano-Bond 检验，确定是否存在序列相关问题。其中，Arellano-Bond 检验的原假设为 H_0：序列不存在一阶自相关，H_0：序列不存在二阶自相关；备选假设为 H_1：序列存在一阶自相关，H_1：序列存在二阶自相关。如果存在 L 阶序列相关，则差分方程的工具变量必须选取滞后的 L + 1。检验结果见表 11 –9。

表 11 –9　Arellano－Bond 检验结果

检验目标	Z 值	Prob
AR（1）	－ 2. 6199	0. 0088
AR（2）	－ 0. 81449	0. 4154

表 11 –9 的检验结果显示，扰动项的一阶差分仍存在一阶自相关；但扰动项二阶差分的 P 值为 0. 4154，不能拒绝原假设，即扰动项二阶差分不存在自相关，可进行后续回归检验。

11.6　回归结果分析

考虑到生态福利绩效的滞后性，我们运用 Eviews8. 0 工具对我国省级层面的生态福利绩效影响因素进行分析，通过差分 GMM 方法进行估计，回归结果见表 11 – 10。

表 11-10　模型回归结果

变量	系数	标准误差	Z 值	P 值
EWP（L1）	0.8551727	0.0519008	16.48	0.000 * * *
Ln（GR）	-0.0895362	0.0334556	-2.68	0.007 * * *
Ln（PP）	-0.0166259	0.0605294	-0.27	0.784
TA	0.040039	0.2166079	0.18	0.853
UR	-0.0976362	0.024048	-4.06	0.000 * * *
IS	-0.0344536	0.0100174	-3.44	0.000 * * *
Ln（FDI）	0.0702997	0.0652734	1.08	0.281
Ln（GDP）	1.803599	0.3027715	5.96	0.000 * * *
C	-12.60233	2.393664	-5.26	0.000 * * *

注：* 、* * 、* * * 分别表示在 10%、5%、1% 的水平下显著。

回归结果显示，生态福利绩效具有滞后性，上一期生态福利绩效水平会对下一期生态福利绩效水平产生正向影响，政府监管、产业结构和城镇化的系数为负并通过了 1% 的显著性检验，表明三者的正向变化均对生态福利绩效具有负向影响，抑制了地区生态福利绩效的提升。经济规模系数为正并通过了 1% 的显著性检验，证明其提升对生态福利绩效有提升作用。而公众参与、技术进步和外商直接投资没有通过显著性检验，证明其对生态福利绩效的影响不明显。

政府监管每提升 1 个百分点，生态福利绩效下降 0.0895，主要的原因是：我国工业结构内部"高消耗"产业比重偏高，地方政府加强环境监管，对企业的经济产出影响较大，福利提升对经济发展依赖程度较高，导致政府监管通过成本效应抑制生态消耗的同时也制约了地区生态福利绩效提升。城镇化和产业结构的回归系数为负，究其原因在于我国城镇化的质量和效率较低，集聚效应处于低水平，对生态福利绩效的负向影响更大。

产业结构方面，我国工业制造业比重大，对资源依赖性强且能源利用效率远低于发达国家，抑制了生态福利绩效的提升。

公众参与对生态福利绩效的影响不显著，表明公众参与低效。这是由于我国公众参与形式主要为政府倡导性参与，公众没有自己的独立立场；而且信息不对称情况严重，现有公众参与方式多为间接、滞后的参与，政府在决策基本完成后征求公众意见，公众并非直接参与决策，导致公众参与环保决策的程度较低，无法起到应有的作用。

经济规模是影响生态福利绩效的主要因素，这主要是因为随着我国GDP 的持续增长，国民人均收入已经越过了倒 U 型 "环境库兹涅茨曲线"（EKC）的拐点，经济规模的扩大使得地区基础设施完善、人们生活水平提高，并增加用来改善环境的资金，带来的福利提升幅度大于生态消耗增加幅度，对生态福利绩效提升产生正效应。

技术进步与外商直接投资对生态福利绩效的影响均不明显，主要是由于环境技术创新有外部性的特点，企业通常不会主动追求环境技术创新，使得技术进步缓解生态环境污染压力对生态福利绩效的正向推动作用并不显著。而外商直接投资在中国一直侧重于对生产业的投资，其中约 70% 属于工业制造业；但随着近年来中国加大了环境管制的力度，中国 *FDI* 正逐渐向清洁化的产业倾斜，因此其总体影响并不显著。

第 12 章
对提升我国生态福利
绩效的政策建议

前述分析结果表明：我国生态福利绩效整体呈现上升趋势，上升幅度为19.3%，且呈现"东部最高，西部次之，中部最低"的地区格局。政府监管通过成本效应对生态福利绩效产生显著的负向影响，公众参与形式化、信息不对称等引发的公众参与失效，使公众参与尚不能有效影响生态福利绩效。此外，经济规模扩大是促进生态福利绩效提高的主要因素；而城镇化、产业结构改变则是抑制生态福利绩效提高的因素。为提高生态福利绩效水平，我们应推动技术进步，逐步实现经济发展与生态消耗脱钩；完善地区福利体系，降低福利提升对经济发展的依赖程度，提升政府监管、公众参与对生态福利绩效影响的有效性。

12.1　完善相关体系

1. 支持环境技术创新，减轻生态消耗依赖

技术进步是降低经济发展对生态消耗依赖的重要途径，我们应推动环境技术创新，从源头上降低对地区生态资源的消耗以及环境污染物的排放量，逐步实现经济发展与生态消耗脱钩。

我们要加速推进"技术企业化、企业技术化"。企业是技术创新的主体，应突出企业在技术创新中的主体地位，建立激励企业自主创新投入的机制。为此，政府应积极引导企业树立新的发展理念，将技术创新意识转变为科技创新能力，建立激发企业加大自主技术创新投入的激励机制，如建立科学的企业技术创新评价指标体系，并通过税收优惠支持和鼓励企业

由依靠资源优势转变为依靠技术优势，实现经济发展与生态消耗脱钩。

我们要充分利用财政资金和政策杠杆，建立促进环境技术创新投入的机制和制度环境。要加大对环境技术创新研发的财政资金投入力度，通过财政资金补偿构建"产、学、研"孵化平台，推动企业和科研院所、高等院校的科研合作，进而提升地区技术创新能力。要优化财政资金投入结构，加强环境技术研发的财政配套投入与重点引进，通过技术创新促进企业向生态消耗减量化、无害化与资源化转变。

2. 完善社会福利体系，减轻福利增长对经济发展的依赖

地区福利增长对经济发展的依赖程度过高是政府监管、公众参与增强抑制生态福利绩效提升的主要原因。由于地区福利体系不够完善，福利提升对经济发展的依赖程度较高，政府环境监管、公众环保参与在降低生态消耗的同时也影响了地区生态福利绩效的提升，因此为推动政府监管、公众参与和生态福利绩效之间关系的转化，我们应完善地区的社会福利体系，实现福利增长与经济发展脱钩。

国家要改革社会福利筹资体系，加大社会福利的财政支持力度。现阶段，我国社会福利保障水平较低，为优化地区福利体系，政府财政扶持必不可少。各级地方政府应提高对社会福利的财政支出比重，提高居民最低生活保障标准和补助水平，完善社会公共福利体系。要设立社会福利事业专项资金，为地区社会福利体系建设提供支持。此外，我们还要广泛利用社会力量，鼓励社会团体投资社会福利事业，利用捐款、投资等多种形式，推动社会福利体系的多元发展。

国家应整合现有兜底的福利保障项目，为居民提供统一、公平、普惠的基本福利保障。在教育方面，要增加财政资金的均衡投入，重点优化师

资力量薄弱学校的资源配置，保证义务教育公平。在医疗方面，要推进医疗保障制度的整合，完善城镇职工医疗保险和公费医疗制度、城镇基本医疗保险和农村合作医疗保险制度，扩大地区医疗保险的覆盖面，提高医疗保险的统筹层次。在养老方面，要推进养老保障的制度整合，全面统筹基本养老保险，努力实现全国人民"老有所养"。在社会救助方面，要缩小城乡居民最低生活保障标准差距，完善社会最低生活保障制度。

12.2 提高执行效率

1. 加强环境监管能力，提高政府环境监管效能

国家应细化规章制度细则，提高法律、法规的可操作性，将法律、法规中纲领性、概括性的条款如"倡导绿色消费""推进节能减排"等进一步细化，增强环境法律、法规的可操作性。应明确生态环境保护法规与条例的具体内容和实施办法，鼓励各地按照环境质量目标制定地方性法规及建立相应的污染排放标准。明确各主体环保法律责任，落实政府官员环保责任追究，大幅提高违法成本。将环保绩效指标纳入地方政府环境监管体系建设与执法的考核中，并将政府环境监管行为纳入标准化、科学化、法治化轨道，避免出现政府监管失效。

2. 引导公众参与环保，保证公众参与环保的有效性

当前我国公众普遍缺乏社会责任意识，服从与依赖政府的心态使得公众缺乏自主参与环保的热情与行动，因此政府应积极引导公众参与环保并保证公众参与环保的有效性。

首先，政府要提高公众参与意识。通过宣传、教育等唤醒社会公众的

主体意识、社会责任意识，推动公众从"个体人"向"公共人"转变。其次，政府要建设生态环境信息的公开平台，保障社会公众对环境信息的知情权。要加快建设各地生态环境信息公开平台，了解社会公众对生态环境信息的需求，实行环境信息按需公开制度，保障社会公众获得及时、充分的环境信息。再次，政府要完善相关法律、法规，保障公众参与权。法律规定是公众参与环境保护最好的依据，政府应制定公众参与环境治理的具体流程和方法，对于违反法律规定、限制公众参与的行为要严格惩处。最后，政府要提高公众参与的积极性和有效性。要拓宽公众参与渠道，切实解决社会公众关心的问题。政府既要注重问题导向也要注重结果导向，对社会公众的环保相关举报应及时反馈并采取切实可行的解决方案，保证公众参与环保的有效性。

参考文献

［1］ 张维理，武淑霞，冀宏杰，等. 中国农业面源污染形势估计及控制对策 I：21 世纪初期中国农业面源污染的形势估计 ［J］. 中国农业科学，2004，37（7）：1008－1017.

［2］ YIN C Q, YANG C F, SHAN B Q, et al. Non-point pollution from China's rural areas and its countermeasures ［J］. Water Science and Technology, 2001, 44（7）: 123－128.

［3］ BLANKENBERG A, HAARSTAD K, BRASKERUD B C. Pesticide retention in an experimental wetland treating non-point source pollution from agriculture runoff ［J］. Water Science and Technology, 2007, 55（3）: 37－44.

［4］ LARS G H, EIRIK R. Non-point source regulation—A self-reporting mechanism ［J］. Ecological Economics, 2007, 62（3）: 529－537.

［5］ PEREZ-ESPEJO R, IBARRA A A, et al. Agriculture and Water Pollution: farmers' Perceptions in Central Mexico ［J］. 2011, 27（1）: 263－273.

［6］ SHEN Z, LIAO Q, QIAN H, et al. An overview of research on agricultural non-point source pollution modelling in China ［J］. Separation & Purification Technology, 2012（84）: 104－111.

［7］ 郑一，王学军. 非点源污染研究的进展与展望 ［J］. 水科学进展，2002，（01）：105－110.

［8］ 唐浩. 农业面源污染控制最佳管理措施体系研究 ［J］. 人民长江，2010，（17）：54－57.

［9］ 赵永宏，邓祥征，战金艳，等. 我国农业面源污染的现状与控制技术研究 ［J］. 安徽农业科学，2010，38（05）：2548－2552.

［10］ 刘平乐. 农业面源污染及其防治 ［J］. 甘肃科技，2011，27（03）：147－150.

［11］ 饶静，许翔宇，纪晓婷. 我国农业面源污染现状、发生机制和对策研究 ［J］. 农业经济问题，2011，（08）：81－87.

[12] 苏君梅, 赵洁, 王蕾, 等. 农业面源污染成因与控制措施 [J]. 安徽农学通报, 2016, 22（10）：92 - 93 + 176.

[13] 孔嘉鑫, 姜仁楠, 范贝贝, 等. 农业面源污染特征及治理对策 [J]. 环境科学与管理, 2016, 41（05）：85 - 88.

[14] GROSSMAN G M, Krueger A B. Economic Growth and the Environment [J]. The Quarterly Journal of Economics, 1995（110）：353 - 377.

[15] MANAGI S. Are there increasing returns to pollution abatement? Empirical analytics of the Environmental Kuznets Curve in pesticides [J]. Ecological Economics, 2006, 58（3）：617 - 636.

[16] MICELI T J, SEGERSON K. Joint liability in torts：Marginal and infra-marginal efficiency [J]. International Review of Law & Economics, 1991, 11（3）：235 - 249.

[17] HAMILTON P A, MILLER T L. Differences in social and public risk perceptions and conflicting impacts on point /non-point trading rations. American Journal of Agricultural Economics, 2001, 83（4）：934 - 941.

[18] 张晖, 胡浩. 农业面源污染的环境库兹涅茨曲线验证——基于江苏省时序数据的分析 [J]. 中国农村经济, 2009,（04）：48 - 53 + 71.

[19] 张锋, 胡浩, 张晖. 江苏省农业面源污染与经济增长关系的实证 [J]. 中国人口. 资源与环境, 2010,（08）：80 - 85.

[20] 孙大元, 杨祁云, 张景欣, 等. 广东省农业面源污染与农业经济发展的关系 [J]. 中国人口·资源与环境, 2016,（S1）：102 - 105.

[21] 诸培新, 曲福田. 土地持续利用中的农户决策行为研究 [J]. 中国农村经济, 1999,（03）：33 - 36 + 41.

[22] 葛继红, 周曙东. 农业面源污染的经济影响因素分析——基于 1978—2009 年的江苏省数据 [J]. 中国农村经济, 2011,（05）：72 - 81.

[23] 梁流涛, 曲福田, 冯淑怡. 经济发展与农业面源污染：分解模型与实证研究 [J]. 长江流域资源与环境, 2013,（10）：1369 - 1374.

[24] 肖新成, 谢德体. 农户对过量施肥危害认知与规避意愿的实证分析——以涪陵榨菜种植为例 [J]. 西南大学学报（自然科学版）, 2016, 38（07）：138 - 148.

[25] HEINZ I, BMUWER F, LABEL T. Interrelationships between voluntary proaches and mandatory regulations in the EU to control diffuse water pollutions caused by a culture [C]. The Nethedand：Proceedings of 6th international Conference on diffuse pollution, 2002.

[26] JAMES S, SHORTLE M R, et al. Reforming Agricultural IMonpoint Pollution Policy in an Increasingly Budget-Constrained Environment [J]. Environmental Science & Technology：ES&T, 2012, 46 (3)：1316 – 1325.

[27] RODNEY B W, THEODORE D T. Multiple agents and agricultural nonpoint-source water pollution control policies [J]. Agricultural and Resource Economics Review, 1999, 28 (01)：37 – 43.

[28] BANERJEE A V, DUFLO E. Growth Theory through the Lens of Development Economics [M]. Elsevier B. V. 2005.

[29] 李远, 王晓霞. 我国农业面源污染的环境管理：背景及演变 [J]. 环境保护, 2005, (04)：23 – 27.

[30] 孙勇. 基于利益相关者分析的农业面源污染治理研究 [D]. 南京：南京农业大学, 2011.

[31] 段亮, 段增强, 夏四清. 农田氮、磷向水体迁移原因及对策 [J]. 中国土壤与肥料, 2007, (04)：6 – 11.

[32] 王利荣. 农业补贴政策对环境的影响分析 [J]. 中共山西省委党校学报, 2010, 33 (01)：54 – 56.

[33] 胡心亮, 夏品华, 胡继伟, 等. 农业面源污染现状及防治对策 [J]. 贵州农业科学, 2011, (06)：211 – 215.

[34] 陈富良. S – P – B 治理均衡模型及其修正 [J]. 当代财经, 2002, (07)：12 – 15 + 49.

[35] 林惠凤, 刘某承, 洪传春, 等. 中国农业面源污染防治政策体系评估 [J]. 环境污染与防治, 2015, (05)：90 – 95 + 109.

[36] 杨小山, 金德凌. 农业非点源污染控制中政府与农户的博弈分析 [J]. 山西农业大学学报 (社会科学版), 2011, (09)：898 – 901 + 944.

［37］ 薛黎倩. 农业面源污染治理中农户与地方政府行为博弈分析［J］. 台湾农业探索，2015，（03）：30－34.

［38］ 杨丽霞. 农村面源污染治理中政府监管与农户环保行为的博弈分析［J］. 生态经济，2014，（05）：127－130.

［39］ 周早弘，张敏新. 农业面源污染博弈分析及其控制对策研究［J］. 科技与经济，2009，（01）：53－55.

［40］ 陈红，韩哲英. 地方政府联动治理农业面源污染的行为博弈［J］. 华东经济管理，2009，（11）：99－103.

［41］ 冯孝杰，魏朝富，谢德体，等. 农户经营行为的农业面源污染效应及模型分析［J］. 中国农学通报，2005，（12）：354－358.

［42］ 侯玲玲，孙倩，穆月英. 农业补贴政策对农业面源污染的影响分析——从化肥需求的视角［J］. 中国农业大学学报，2012，（04）：173－178.

［43］ 周早弘. 农户经营行为对农业面源污染的影响因素分析［J］. 湖南农业科学，2011，（09）：79－81＋85.

［44］ 徐建芬. 浙江省农业面源污染的影响因素研究［D］. 杭州：浙江工商大学，2012.

［45］ 张芳，马瑛. 新疆农业面源污染影响因素分析［J］. 中国农学通报，2016，32（26）：92－96.

［46］ 余进祥，刘娅菲. 农业面源污染理论研究及展望［J］. 江西农业学报，2009，21（01）：137－142.

［47］ 徐国梅. 浅谈农村面源污染危害及管理指标体系的建立［A］. 中国环境科学学会（Chinese Society for Environmental Sciences）. 2015 年中国环境科学学会学术年会论文集［C］. 中国环境科学学会（Chinese Society for Environmental Sciences），2015：4.

［48］ 杨建辉. 农业化学投入与农业经济增长脱钩关系研究——基于华东 6 省 1 市数据［J］. 自然资源学报，2017，32（09）：1517－1527.

［49］ FRIEDMAN A L, MILES S. Stakeholders：theory and practice［M］. Oxford University Press，2006.

［50］DANIEL F. On economic applications of evolutionary game theory ［J］. Evolutionary Economics, 1998, 8（1）: 15 –43.

［51］燕惠民. 中国农业面源污染现状与防治对策 ［A］. 中国农学会. 全国农业面源污染与综合防治学术研讨会论文集 ［C］. 中国农学会, 2004, 4.

［52］许玲燕, 杜建国, 汪文丽. 农村水环境治理行动的演化博弈分析 ［J］. 中国人口·资源与环境, 2017,（05）: 17 –26.

［53］叶明确, 杨亚娟. 主成分综合评价法的误区识别及其改进 ［J］. 数量经济技术经济研究, 2016, 33（10）: 142 –153。

［54］樊欢欢, 刘荣, 等. Eviews 统计分析与应用 ［M］. 北京: 机械工业出版社, 2014.

［55］王红梅. 中国环境治理政策工具的比较与选择——基于贝叶斯模型平均（BMA）方法的实证研究 ［J］. 中国人口·资源与环境, 2016,（09）: 132 –138.

［56］张维理, 武淑霞, 冀宏杰, 等. 中国农业面源污染形势估计及控制对策 I: 21 世纪初期中国农业面源污染的形势估计 ［J］. 中国农业科学, 2004, 37（7）: 1008 –1017.

［57］刘海英, 何彬. 经济增长中环境污染路径的不确定性分析——兼论环境库兹涅茨曲线（EKC）存在的必要条件 ［J］. 工业技术经济, 2009,（07）: 77 –79.

［58］李娟伟, 任保平. 协调中国环境污染与经济增长冲突的路径研究——基于环境退化成本的分析 ［J］. 中国人口. 资源与环境, 2011,（05）: 132 –139.

［59］张华. 地区间环境治理的策略互动研究——对环境治理非完全执行普遍性的解释 ［J］. 中国工业经济, 2016,（7）: 74 –88.

［60］申晨, 贾妮莎, 李炫榆. 环境规制与工业绿色全要素生产率——基于命令—控制型与市场激励型规制工具的实证分析 ［J］. 研究与发展管理, 2017,（02）: 144 –154.

［61］原毅军, 谢荣辉. 环境规制的产业结构调整效应研究——基于中国省际面板数据的实证检验 ［J］. 中国工业经济, 2014（08）: 57 –69.

［62］朱希刚. 我国"九五"时期农业科技进步贡献率的测算 ［J］. 农业经济问题, 2002,（05）: 12 –13.

［63］李程, 王惠中. 浅析环保部门应对突发环境事件的责任及策略——以江苏省环境应急管理为例 ［J］. 环境保护, 2015,（01）: 58 –60.

［64］ 何红光，宋林，李光勤. 中国农业经济增长质量的时空差异研究［J］. 经济学家，2017，（07）：87 - 97.

［65］ 段婷婷. 基于 Solow 余值法的农业科技进步贡献率测算［J］. 江西农业学报，2015，27（12）：116 - 119.

［66］ 周广肃，梁荣，金田秀，等. Stata 统计分析与应用［M］. 北京：机械工业出版社，2011，327 - 344.

［67］ 诸大建. 生态经济学：可持续发展的经济学和管理学［J］. 中国科学院院刊，2008（06）：520 - 530.

［68］ 臧漫丹，诸大建，刘国平. 生态福利绩效：概念、内涵及 G20 实证［J］. 中国人口·资源与环境，2013，23（05）：118 - 124.

［69］ 冯吉芳，袁健红. 生态福利绩效——可持续发展新的分析工具［J］. 科技管理研究，2016，36（12）：240 - 244.

［70］ DALY H E. Sustainable development：from concept and theory to operational principles［J］. Population and Development Review，1990，16（1）：25 - 43.

［71］ Common M. Measuring national economic performance without using prices［J］. Ecological Economics，2007，64（1）.

［72］ 张军. 生态福利观念的兴起与医疗保障模式的转型［J］. 生态经济，2009（01）：90 - 92 + 116.

［73］ 何林，陈欣. 基于生态福利的陕西省经济可持续发展研究［J］. 开发研究，2011（06）：24 - 28.

［74］ THOMAS D，EUGENE A. Environmentally efficient well-being：is there a Kuznets curve？［J］. Applied Geography，2010，32（1）.

［75］ KYLE W. KNIGHT. Temporal variation in the relationship between environmental demands and well-being：a panel analysis of developed and less-developed countries［J］. Population and Environment，2014，36（1）.

［76］ 刘应元，冯中朝. 农业生态福利水平对农业发展的影响［J］. 社会科学家，2016（02）：55 - 58.

［77］ YEW K. Environmentally Responsible Happy Nation Index：towards an internationally acceptable national success indicator [J]. Social Indicators Research, 2008, 85 (3): 425 – 446.

[78] 龙亮军, 王霞, 郭兵. 基于改进 DEA 模型的城市生态福利绩效评价研究——以我国 35 个大中城市为例 [J]. 自然资源学报, 2017, 32 (4): 595 – 605.

[79] 肖黎明, 吉荟茹. 绿色技术创新视域下中国生态福利绩效的时空演变及影响因素——基于省域尺度的数据检验 [J]. 科技管理研究, 2018, 38 (17): 243 – 251.

[80] 郭炳南, 卜亚. 长江经济带城市生态福利绩效评价及影响因素研究——以长江经济带 110 个城市为例 [J]. 企业经济, 2018, 37 (08): 30 – 37.

[81] KNIGHT K, ROSA E. The environmental efficiency of well-being: a cross-national analysis [J]. Social Science Research, 2011, 40 (3): 931 – 949.

[82] FERRER-I-CARBONELL A. Income and well-being: an empirical analysis of the comparison income effect [J]. Journal of Public Economics, 2004, 89 (5).

[83] THOMAS D, EUGENE A. ROSA R Y. Environmentally efficient well-being: is there a Kuznets curve? [J]. Applied Geography, 2010, 32 (05).

[84] SEN A. Capability and well-Being in nussbaum [J]. Quality of Life, 1993: 30 – 54.

[85] 杜慧彬, 黄立军, 张辰, 等. 中国省级生态福利绩效区域差异性分解和收敛性研究 [J]. 生态经济, 2019, 35 (03): 187 – 193.

[86] 张映芹, 魏爽. 中国区域间生态福利与可持续发展的比较研究 [J]. 西安财经学院学报, 2016, 29 (06): 22 – 29.

[87] 诸大建, 张帅. 生态福利绩效及其与经济增长的关系研究 [J]. 中国人口·资源与环境, 2014, 24 (09): 59 – 67.

[88] 付伟, 赵俊权, 杜国祯. 资源可持续利用评价——基于资源福利指数的实证分析 [J]. 自然资源学报, 2014, 29 (11): 1902 – 1915.

[89] 刘国平, 朱远. 亚太国家经济增长与碳排放福利绩效比较 [J]. 亚太经济, 2016 (01): 86 – 91.

[90] 姜绵峰, 叶春明. 上海城市生态足迹动态研究——基于 ARIMA 模型 [J]. 华东经济管理, 2015, 29 (01): 18 – 24.

[91] 杨庆礼, 魏湖滨. 南京市生态足迹测算与可持续发展研究 [J]. 农业与技术, 2020, 40 (06): 106 – 108 + 118.

[92] 徐昱东, 亓朋, 童临风. 中国省级地区生态福利绩效水平时空分异格局研究 [J]. 区域经济评论, 2017 (04): 123 – 131.

[93] 冯吉芳, 袁健红. 中国区域生态福利绩效及其影响因素 [J]. 中国科技论坛, 2016 (03): 100 – 105.

[94] KNIGHT K. Temporal variation of the relationship between environment demands well-being: a panel analysis of developed and less-developed countries [J]. Population & Environment, 2014, 36 (1): 32 – 47.

[95] 龙亮军, 王霞, 郭兵. 生态福利绩效视角下的上海市可持续发展评价研究 [J]. 长江流域资源与环境, 2016, 25 (01): 9 – 15.

[96] 龙亮军, 王霞. 上海市生态福利绩效评价研究 [J]. 中国人口·资源与环境, 2017, 27 (02): 84 – 92.

[97] JORGENSON A K. Economic development and the car-bon intensity of human well-being [J]. Nature Climate Change, 2014, 4 (3): 186 – 189.

[98]] DIETZ T, ROSA E, YORK R. Environmentally efficient well-being: rethinking sustainability as the relationship between human well-being and environmental efficiency impact [J]. Human Ecology Review. 2009, 16 (1): 114 – 123.

[99] MG A, GC B, PO A. Strategic planning to improve the Human Development Index in disenfranchised communities through satisfying food, water and energy needs [J]. Food and Bioproducts Processing, 2019, 117: 14 – 29.

[100] FENG Y, ZHONG S, LI Q, et al. Ecological well-being performance growth in China (1994—2014): From perspectives of industrial structure green adjustment and green total factor productivity [J]. Journal of Cleaner Production, 2019, 236 (1): 1 – 13.

[101] 李后建. 腐败会损害环境政策执行质量吗 [J]. 中南财经政法大学学报, 2013, (06): 34 – 42.

[102] 余亮. 中国公众参与对环境治理的影响——基于不同类型环境污染的视角 [J]. 技术经济, 2019, 38 (03): 97 – 104.

[103] 张彦博, 寇坡, 张丹宁, 等. 企业污染减排过程中的政企合谋问题研究 [J]. 运筹与管理, 2018, 27 (11): 184 – 192.

[104] 初钊鹏, 卞晨, 刘昌新, 等. 基于演化博弈的京津冀雾霾治理环境规制政策研究 [J]. 中国人口·资源与环境, 2018, 28 (12): 63 – 75.

[105] 罗兴鹏, 张向前. 福建省推进绿色转型建设生态文明的演化博弈分析 [J]. 华东经济管理, 2016, 30 (09): 19 – 25.

[106] 熊磊, 胡石其. 长江经济带生态环境保护中政府与企业的演化博弈分析 [J]. 科技管理研究, 2018, 38 (17): 252 – 257.

[107] 邱士雷, 王子龙, 刘帅, 等. 非期望产出约束下环境规制对环境绩效的异质性效应研究 [J]. 中国人口·资源与环境, 2018, 28 (12): 40 – 51.